建筑工程概论

（第2版）

主　编　王光炎　吴　迪

副主编　杨世金　马　双

参　编　王飞朋

主　审　肖明和

北京理工大学出版社
BEIJING INSTITUTE OF TECHNOLOGY PRESS

内 容 提 要

　　本书共分8章，主要内容包括建筑工程概述、建筑制图基础、常用建筑材料、建筑设计、建筑结构、建筑构造组成、建筑施工、建筑产业现代化等。全书各章后附有大量思考题，可供学生课后练习。本书内容涵盖范围广，概念叙述清楚，注重对学生实践技能的培养与训练。

　　本书可作为高等院校土木工程类相关专业的教材，也可作为建筑工程施工技术及管理人员的参考用书。

图书在版编目（CIP）数据

　　建筑工程概论 / 王光炎，吴迪主编.—2版.—北京：北京理工大学出版社，2020.10
　　ISBN 978-7-5682-9203-0

　　Ⅰ.①建⋯　Ⅱ.①王⋯②吴⋯　Ⅲ.①建筑工程—高等学校—教材　Ⅳ.①TU

　　中国版本图书馆CIP数据核字（2020）第213516号

出版发行 / 北京理工大学出版社有限责任公司

社　　　址 / 北京市海淀区中关村南大街5号

邮　　　编 / 100081

电　　　话 / （010）68914775（总编室）

　　　　　　 （010）82562903（教材售后服务热线）

　　　　　　 （010）68948351（其他图书服务热线）

网　　　址 / http://www.bitpress.com.cn

经　　　销 / 全国各地新华书店

印　　　刷 / 北京紫瑞利印刷有限公司

开　　　本 / 787毫米 × 1092毫米　1/16

印　　　张 / 13.5　　　　　　　　　　　　　　　　　责任编辑 / 钟　博

字　　　数 / 327千字　　　　　　　　　　　　　　　　文案编辑 / 钟　博

版　　　次 / 2020年10月第2版　2020年10月第1次印刷　　责任校对 / 周瑞红

定　　　价 / 58.00元　　　　　　　　　　　　　　　　责任印制 / 边心超

第2版前言

随着社会的不断进步，经济的不断发展，我国建筑业作为国民经济的支柱产业也得到了飞速发展。同时，工业化、信息化、城镇化、市场化、国际化及全球经济一体化的不断深入，给建筑业提供了较大的发展空间，也对建筑业的从业人员提出了更高的要求。机遇与挑战并存的现状，要求建筑业不断优化人才队伍结构，加强人才队伍建设。

"建筑工程概论"是高等院校土木工程类相关专业的一门综合性专业基础课程，具有实践性强和综合性强的特点。其基本目的是使学生获得对中外建筑学科与建筑艺术、建筑技术发展概况，建筑结构与建筑施工知识，建筑制图基础和建筑构造的组成，常用建筑材料的特性、用途及其生产工艺，新型建筑工业化等相关知识点的完整而系统的认识，并使学生把握专业的学习方向，以利于今后更好地从事专业课程方面的学习和研究。

本书根据高等院校教育培养目标和教学要求，针对高等院校土木工程类相关专业的教学要求进行编写，要求学生能够了解建筑工程相关知识的区别和联系，并能根据建筑工程的不同要求，对建筑工程问题进行逻辑推理，领悟和理解本书中与建筑工程概论相关的外延知识。为方便教师的教和学生的学，本书各章前面都设置有"知识目标"和"能力目标"，各章后面设有"本章小结"，以对各章的重点内容进行概括性与回顾性总结，还设有"思考与练习"，以便于学生对所学的知识进行检测。

本次修订根据建筑工程国家标准规范，结合新技术、新方法的应用，删除了第1版教材中部分陈旧内容，并更新了相关知识点，以适应社会的发展、科学技术的进步，确保教材内容的先进性和实用性。为使本书更好地满足高等院校教学工作的需要，本次修订时坚持理论知识以"必需、够用"为度，以培养面向生产第一线的应用型人才为目的，强调提高学生的实践动手能力。

本书由枣庄科技职业学院王光炎、辽宁石化职业技术学院吴迪担任主编，由广西安全工程职业技术学院杨世金、山西工程职业学院马双担任副主编，运城职业技术大学王飞朋参与编写。全书由济南工程职业技术学院肖明和主审。

在修订过程中，我们参阅了国内同行的多部著作，部分高等院校的老师提出了很多宝贵意见供我们参考，在此表示衷心的感谢！对于参与本书第1版编写，但未参加本次修订的老师、专家和学者，本版所有编写人员向你们表示敬意，感谢你们对高等教育教学改革所作出的不懈努力，希望你们对本书保持持续关注并多提宝贵意见。

限于编者的学识、专业水平和实践经验，书中难免存在疏漏或不妥之处，恳请广大读者指正。

编　者

第1版前言

建筑物统称建筑，属于固定资产的范畴，一般指供人居住、工作、学习、生产、经营、娱乐、储藏物品以及进行其他社会活动的工程建筑，如工业建筑、民用建筑、农业建筑和园林建筑等。建筑工程则是为新建、改建或扩建房屋建筑物和附属构筑物设施所进行的规划、勘察、设计和施工、竣工等各项技术工作和完成的工程实体以及与其配套的线路、管道、设备的安装工程。建筑物既是物质产品，又具有一定的艺术形象，除满足物质功能的使用要求外，其空间组合和建筑形象又常会给人们以精神上的享受。

"建筑工程概论"是高等院校土建类专业的一门重要课程，学生通过本课程的学习，能了解并掌握建筑工程的一般知识，包括构造、制图识图、建筑材料、建筑力学、建筑结构等方面的知识。本书在编写过程中遵循高等教育教学的改革思路，注重培养学生的基本技能和岗位能力，以满足建设行业技能型紧缺人才培养的总体要求，适应我国高等教育高速发展的需要，从而促使高等教育的教学机制改革不断深化。本书的编写倡导先进性，注重可行性，注意淡化细节，强调对学生综合思维能力的培养，编写时既考虑内容的关联性和体系的完整性，又不拘泥于此，对在理论研究上有较大意义，但在实践中实施尚有困难的内容只进行了简单的介绍。本书在体例设置上充分体现了高等教育项目教学的需要，各章前均设置"知识目标"和"能力目标"，以引导学生学习和教师教学；各章后设有"思考题"，使学生在学习过程中能主动参与、自主协作、探索创新，学完后具备一定分析问题和解决问题的能力。

本书在编写过程中，参考了大量的著作及资料，在此向原作者表示最诚挚的谢意。同时本书的出版也得到了北京理工大学出版社的大力支持，在此一并表示感谢！

本书虽经推敲核证，但限于编者的专业水平和实践经验，书中仍难免有疏漏或不妥之处，恳请广大读者指正。

编　者

目 录

第一章 建筑工程概述

第一节 建筑历史及发展

一、中国建筑史

中国建筑以长江、黄河一带为中心，受此地区影响，其建筑形式类似，所使用的材料、工法、营造语言、空间、艺术表现与此地区相同或雷同的建筑，皆可统称为中国建筑。中国古代建筑的形成和发展具有悠久的历史。由于中国幅员辽阔，各处的气候、人文、地质等条件各不相同，从而形成了各具特色的建筑风格。其中，民居形式尤为丰富多彩，如南方的干栏式建筑、西北的窑洞建筑、游牧民族的毡包建筑、北方的四合院建筑等。

中国建筑史主要分为中国古代建筑史及中国近现代建筑史。

(一)中国古代建筑史

1. 原始时期的建筑

原始时期的建筑活动是中国建筑设计史的萌芽，为后来的建筑设计奠定了良好的基础，建筑制度逐渐形成。中国社会的奴隶制度自夏朝开始，经殷商、西周到春秋战国时期结束，直到封建制度萌芽，前后历经了1 600余年。在严格的宗法制度下，统治者设计建造了规模相当大的宫殿和陵墓，和当时奴隶居住的简易建筑形成了鲜明的对比，从而反映出当时社会尖锐的阶级对立矛盾。

建筑材料的更新和瓦的发明是周朝在建筑上的突出成就，使古代建筑从"茅茨土阶"的简陋状态逐渐进入了比较高级的阶段，建筑夯筑技术日趋成熟。自夏朝开始的夯土构筑法在我国沿用了很长时间，直至宋朝才逐渐采用内部夯土、外部砌砖的方法构筑城墙，明朝中期以后才普遍使用砖砌法。

此外，原始时期人们设计建造了很多以高台宫室为中心的大、小城市，开始使用砖、瓦、彩画及斗拱梁枋等设计建造房屋，中国建筑的某些重要的艺术特征已经初步形成，如方整规则的庭院，纵轴对称的布局，木梁架的结构体系，以及由屋顶、屋身、基座组成的单体造型。自此开始，传统的建筑结构体系及整体设计观念开始成型，对后世的城市规划、宫殿、坛庙、陵墓乃至民居产生了深远的影响。

这一时期的典型建筑如图 1-1 和图 1-2 所示。

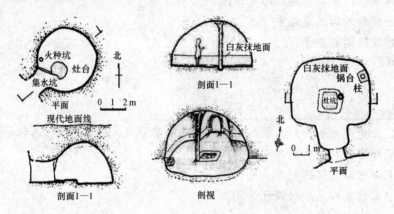

图 1-1　山西岔沟龙山文化洞穴遗址

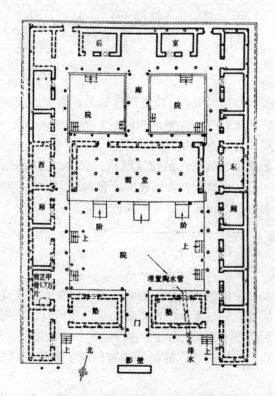

图 1-2　春秋时期宫室遗址示意

2. 秦汉时期的建筑

秦汉时期 400 余年的建筑活动处于中国建筑设计史的发育阶段，秦汉建筑是在商周已初步形成的某些重要艺术特点的基础上发展而来的。秦汉建筑类型以都城、宫室、陵墓和祭祀建筑(礼制建筑)为主，还包括汉代晚期出现的佛教建筑。都城规划形式由商周的规矩对称，经春秋战国向自由格局的骤变，又逐渐回归于规整，整体面貌呈高墙封闭式。宫殿、陵墓建筑主体为高大的团块状台榭式建筑，周边的重要单体多呈十字轴线对称组合，以门、回廊或较低矮的次要房屋衬托主体建筑的庄严、重要，使整体建筑群呈现主从有序、富于变化的院落式群体组合轮廓。祭祀建筑也是汉代的重要建筑类型，其主体仍为春秋战国以来盛行的高台建筑，呈团块状，取十字轴线对称组合，尺度巨大，形象突出，追求象征含义。从现存汉阙、壁画、画像砖、冥器中可以看出，秦汉建筑的尺度巨大，柱阑额、梁枋、屋檐都是直线，外观为直柱、水平阑额和屋檐，平坡屋顶，已经出现了屋坡的折线"反宇"(指屋檐上的瓦头仰起，呈中间、凹四周高的形状)，但还没有形成曲线或曲面的建筑外观，风格豪放朴拙、端庄严肃，建筑装饰色彩丰富，题材诡谲，造型夸张，呈现出质朴的气质。

秦汉时期社会生产力的极大提高，促使制陶业的生产规模、烧造技术、数量和质量都超越了以往的任何时代，秦汉时期的建筑因而得以大量使用陶器，其中最具特色的就是画像砖和各种纹饰的瓦当，素有"秦砖汉瓦"之称。

这一时期的典型建筑如图 1-3 和图 1-4 所示。

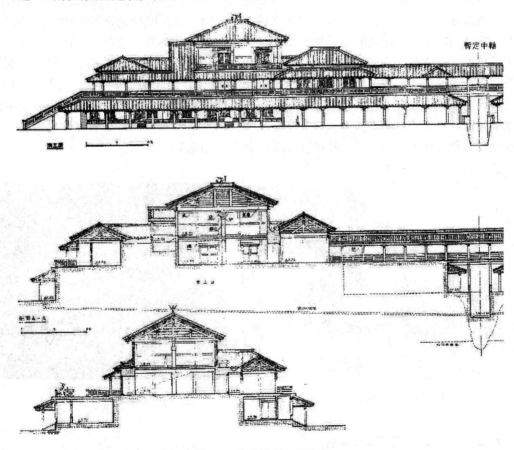

图 1-3　秦咸阳宫一号宫殿

图 1-4　四川雅安高颐阙（汉代）

3. 魏晋南北朝时期的建筑

魏晋南北朝时期是古代中国建筑设计史上的过渡与发展期。北方少数民族进入中原，中原士族南迁，形成了民族大迁徙、大融合的复杂局面。这一时期的宫殿与佛教建筑广泛融合了中外各民族、各地域的设计特点，建筑创作活动极为活跃。士族标榜旷达风流，文人退隐山林，崇尚自然清闲的生活，促使园林建筑中的土山、钓台、曲沼、飞梁、重阁等叠石造景技术得到了提高，江南建筑开始步入设计舞台。随同佛教一并传入中国的印度、中亚地区的雕刻、绘画及装饰艺术对中国的建筑设计产生了显著而深远的影响，它使中国建筑的装饰设计形式更为丰富多样，广泛采用莲花、卷草纹和火焰纹等装饰纹样，促使魏晋南北朝时期的建筑从汉代的质朴醇厚逐渐转变为成熟圆浑。

这一时期的典型建筑如图 1-5 和图 1-6 所示。

图 1-5　甘肃敦煌莫高窟

图 1-6　山西悬空寺（北魏晚期）

4. 隋唐、五代十国时期的建筑

隋唐时期是古代中国建筑设计史上的成熟期。隋唐时期结束分裂，完成统一，政治安定，经济繁荣，国力强盛，与外来文化交往频繁，建筑设计体系更趋完善，在城市建设、木架建筑、砖石建筑、建筑装饰和施工管理等方面都有巨大发展，建筑设计艺术取得了空前的成就。

在建筑制度设计方面，汉代儒家倡导的以周礼为本的一套以祭祀宗庙、天地、社稷、五岳等为目的营造有关建筑的制度，发展到隋唐时期已臻于完备，订立了专门的法规制度以控制建筑规模，建筑设计逐步定型并标准化，基本上为后世所遵循。

在建筑构件结构方面，隋唐时期木构件的标准化程度极高，斗拱等结构构件完善，木构架建筑设计体系成熟，并出现了专门负责设计和组织施工的专业建筑师，建筑规模空前巨大。现存的隋唐时期木构建筑的斗拱结构、柱式形象及梁枋加工等都充分展示了结构技术与艺术形象的完美统一。

在建筑形式及风格方面，隋唐时期的建筑设计非常强调整体的和谐，整体建筑群的设计手法更趋成熟，通过强调纵轴方向的陪衬手法，加强突出了主体建筑的空间组合，单体建筑造型浑厚质朴，细节设计柔和精美，内部空间组合变化适度，视觉感受雄浑大度。这种设计手法正是明清建筑布局形式的渊源。建筑类型以都城、宫殿、陵墓、佛教建筑和园林为主，城市设计完全规整化且分区合理。宫殿建筑组群极富组织性，风格舒展大度；佛教建筑格调积极欢愉；陵墓建筑依山营建，与自然和谐统一；园林建筑已出现皇家园林与私家园林的风格区分，皇家园林气势磅礴，私家园林幽远深邃，艺术意境极高。隋唐时期简洁明快的色调、舒展平远的屋顶、朴实无华的门窗无不给人以庄重大方的印象，这是宋、元、明、清建筑设计所没有的特色。

这一时期的典型建筑如图 1-7 和图 1-8 所示。

图 1-7　陕西乾县乾陵(唐朝)　　　　图 1-8　南京的栖霞寺舍利塔(南唐时期)

5. 宋、辽、金、西夏时期的建筑

宋朝是古代中国建筑设计史上的全盛期，辽承唐制，金随宋风，西夏别具一格，多种民族风格的建筑共存是这一时期的建筑设计特点。宋朝的建筑学、地学等都达到了很高的水平，如"虹桥"(飞桥)是无柱木梁拱桥(即牟梁拱)，达到了我国古代木桥结构设计的最高水平；建筑制度更为完善，礼制有了更加严格的规定，并著作了专门书籍以严格规定建筑

等级、结构做法及规范要领；建筑风格逐渐转型，宋朝建筑虽不再有唐朝建筑的雄浑阳刚之气，却创造出一种符合自己时代气质的阴柔之美；建筑形式更加多样，流行仿木构建筑形式的砖石塔和墓葬，设计了各种形式的殿阁楼台、寺塔和墓室建筑，宫殿规模虽然远小于隋唐，但序列组合更为丰富细腻，祭祀建筑布局严整细致，佛教建筑略显衰退，都城设计仍然规整方正，私家园林和皇家园林建筑设计活动更加活跃，并显示出细腻的倾向，官式建筑完全定型，结构简化而装饰性强；建筑技术及施工管理等取得了进步，出现了《木经》《营造法式》等关于建筑营造总结性的专门书籍；建筑细部与色彩装饰设计受宠，普遍采用彩绘、雕刻及琉璃砖瓦等装饰建筑，统治阶级追求豪华绚丽，宫殿建筑大量使用黄琉璃瓦和红宫墙，创造出一种金碧辉煌的艺术效果，市民阶层的兴起使普遍的审美趣味更趋近日常生活，这些建筑设计活动对后世产生了极为深远的影响。辽、金的建筑以汉唐以来逐步发展的中原木构体系为基础，广泛吸收其他民族的建筑设计手法，不断改进完善，逐步完成了上承唐朝、下启元朝的历史过渡。这一时期的典型建筑如图1-9和图1-10所示。

图1-9　上海圆智教寺护珠宝光塔(宋朝)

图1-10　山西应县木塔(辽代)

6. 元、明、清时期的建筑

元、明、清时期是古代中国建筑设计史上的顶峰，是中国传统建筑设计艺术的充实与总结阶段，中外建筑设计文化的交流融合得到了进一步的加强，在建材装修、园林设计、建筑群体组合、空间氛围的设计上都取得了显著的成就。元、明、清时期的建筑呈现出规模宏大、形体简练、细节繁复的设计形象。元朝建筑以大都为中心，其材料、结构、布局、装饰形式等基本沿袭唐、宋以来的传统设计形制，部分地方继承辽、金的建筑特点，开创了明、清北京建筑的原始规模。因此，在建筑设计史上普遍将元、明、清作为一个时期进行探讨。这一时期的建筑趋向程式化和装饰化，建筑的地方特色和多种民族风格在这个时期得到了充分的发展，建筑遗址留存至今，成为今天城市建筑的重要构成，对当代中国的城市生活和建筑设计活动产生了深远的影响。

元、明、清时期建筑设计的最大成就表现在园林设计领域，明朝的江南私家园林和清朝的北方皇家园林都是最具设计艺术性的古代建筑群。中国历代都建有大量宫殿，但只有明、清时期的宫殿——北京故宫、沈阳故宫得以保存至今，成为中华文化的无价之宝。现存的古城市和南、北方民居也基本建于这一时期。明、清北京城，明南京城是明、清城市最杰出的代表。北京的四合院和江浙一带的民居则是中国民居最成功的范例。坛庙和帝王陵墓都是古代重要的建筑，目前，北京依然较完整地保留了明、清两朝祭祀天地、社稷和帝王祖先的国家最高级别坛庙。其中，最杰出的代表是北京天坛。明朝帝陵在继承前朝形制的基础上自成一格，而清朝基本上继承了明朝制度，明十三陵是明、清帝陵中最具代表性的艺术作品。元、明、清时期的单体建筑形式逐渐精炼化，设计符号性增强，不再采用生起、侧脚、卷杀，斗拱比例缩小，出檐深度减小，柱细长，梁枋沉重，屋顶的柔和线条消失，不同于唐、宋建筑的浪漫柔和，这一时期的建筑呈现出稳重严谨的设计风格。建筑组群采用院落重叠纵向扩展的设计形式，与左、右横向扩展配合，通过不同封闭空间的变化突出主体建筑。

这一时期的典型建筑如图 1-11～图 1-14 所示。

图 1-11 北京妙应寺白塔(元朝)

图 1-12 北京明十三陵定陵(明朝)

图 1-13 苏州留园(明、清时期)

图 1-14 北京紫禁城(清朝)

(二)中国近现代建筑

19世纪末至20世纪初是近代中国建筑设计的转型时期，也是中国建筑设计发展史上一个承上启下、中西交汇、新旧接替的过渡时期，既有新城区、新建筑的急速转型，又有旧乡土建筑的矜持保守；既交织着中、西建筑设计文化的碰撞，也经历了近、现代建筑的历史承接，有着错综复杂的时空关联。半封建半殖民地的社会性质决定了清末民国时期对待外来文化采取包容与吸收的建筑设计态度，使部分建筑出现了中西合璧的设计形象，园林里也常有西洋门面、西洋栏杆、西式纹样等。这一时期成为我国建筑设计演进过程的一个重要阶段。其发展历程经历了产生、转型、鼎盛、停滞、恢复五个阶段，主要建筑风格有折中主义、古典主义、近代中国宫殿式、新民族形式、现代派及中国传统民族形式六种，从中可以看出晚清民国时期的建筑设计经历了由照搬照抄到西学中用的发展过程，其构件结构与风格形式既体现了近代以来西方建筑风格对中国的影响，又保持了中国民族传统的建筑特色。

中西方建筑设计技术、风格的融合，在南京的民国建筑中表现最为明显，它全面展现了中国传统建筑向现代建筑的演变，在中国建筑设计发展史上具有重要的意义。时至今日，南京的大部分民国建筑依然保存完好，构成了南京有别于其他城市的独特风貌，南京也因此被形象地称为"民国建筑的大本营"。另外，由外国输入的建筑及散布于城乡的教会建筑发展而来的居住建筑、公共建筑、工业建筑的主要类型已大体齐备，相关建筑工业体系也已初步建立。大量早期留洋学习建筑的中国学生回国后，带来了西方现代建筑思想，创办了中国最早的建筑事务所及建筑教育机构。刚刚登上设计舞台的中国建筑师，一方面探索着西方建筑与中国建筑固有形式的结合，并试图在中、西建筑文化的有效碰撞中寻找适宜的融合点；另一方面又面临着走向现代主义的时代挑战，这些都要求中国建筑师能够紧跟先进的建筑潮流。

1949年中华人民共和国成立后，外国资本主义经济的在华势力消亡，逐渐形成了社会主义国有经济，大规模的国民经济建设推动了建筑业的蓬勃发展，我国建筑设计进入了新的历史时期。我国现代建筑在数量上、规模上、类型上、地区分布上、现代化水平上都突破了近代的局限，展示出崭新的姿态。时至今日，中国传统式与西方现代式两种设计思潮的碰撞与交融在中国建筑设计的发展进程中仍在继续，将民族风格和现代元素相结合的设计作品也越来越多，有复兴传统式的建筑，即保持传统与地方建筑的基本构筑形式，并加以简化处理，突出其文化特色与形式特征；有发展传统式的建筑，其设计手法更加讲究传统或地方的符号性和象征性，在结构形式上不一定遵循传统方式；也有扩展传统式的建筑，就是将传统形式从功能上扩展为现代用途，如我国建筑师吴良镛设计的北京菊儿胡同住宅群，就是结合了北京传统四合院的构造特征，并进行重叠、反复、延伸处理，使其功能和内容更符合现代生活的需要；还有重新诠释传统的建筑，它是指仅将传统符号或色彩作为标志以强调建筑的文脉，类似于后现代主义的某些设计手法。总而言之，我国的建筑设计曾经灿烂辉煌，或许在将来的某一天能够重新焕发光彩，成为世界建筑设计思潮的另一种选择。这一时期的典型建筑如图1-15～图1-17所示。

图1-15　南京中山陵(民国时期)

图 1-16　上海沙逊大厦

图 1-17　国家大剧院

二、外国建筑史

(一)外国古代建筑

1. 古埃及建筑

古埃及是世界上最古老的国家之一，古埃及的领土包括上埃及和下埃及两部分。上埃及位于尼罗河中游的峡谷，下埃及位于河口三角洲。大约在公元前 3000 年，古埃及成为统一的奴隶制帝国，形成了中央集权的皇帝专制制度，出现了强大的祭司阶层，也产生了人类第一批以宫殿、陵墓及庙宇为主体的巨大的纪念性建筑物。按照古埃及的历史分期，其代表性建筑可分为古王国时期、中王国时期及新王国时期建筑类型。

古王国时期的主要劳动力是氏族公社成员，庞大的金字塔就是他们建造的。这一时期的建筑物反映着原始的拜物教，纪念性建筑物是单纯而开阔的，如图 1-18 所示。

图 1-18　古埃及胡夫金字塔

中王国时期，在山岩上开凿石窟陵墓的建筑形式开始盛行，陵墓建筑采用梁柱结构构成比较宽敞的内部空间，以建于公元前 2000 年前后的曼都赫特普三世陵墓(图 1-19)为典型代表，开创了陵墓建筑群设计的新形制。

新王国时期是古埃及建筑发展的鼎盛时期，这时已不再建造巍然屹立的金字塔陵墓，而是将荒山作为天然金字塔，沿着山坡的侧面开凿地道，修建豪华的地下陵寝，其中以拉美西斯二世陵墓和图坦卡蒙陵墓最为奢华。与此同时，由于宗教专制统治极为森严，法老被视为阿蒙神(太阳神)的化身，太阳神庙取代陵墓而成为这一时期的主要建筑类型，建筑设计艺术的重点已从外部形象转到了内部空间，从外观雄伟而概括的纪念性转到了内部的神秘性与压抑感。神庙主要由围有柱廊的内庭院、接受臣民朝拜的大柱厅，以及只许法老和僧侣进入的神堂密室二部分组成。其中规模最大的是卡纳克和卢克索的阿蒙神庙(图 1-20)。

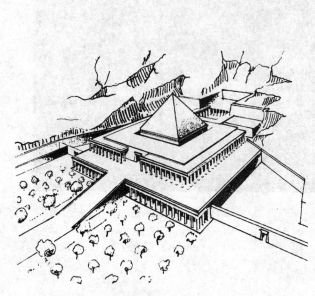

图 1-19　曼都赫特普三世陵墓　　　　图 1-20　古埃及阿蒙神庙法老雕像

2. 两河流域及波斯帝国建筑

两河流域地处亚非欧三大洲的衔接处，位于底格里斯河和幼发拉底河中下游，通常被称为西亚美索不达米亚平原（希腊语意为"两河之间的土地"，今伊拉克地区），是古代人类文明的重要发源地之一。公元前3500年—前4世纪，在这里曾经建立过许多国家，依次建立的奴隶制国家为古巴比伦王国（公元前19—前16世纪）、亚述帝国（公元前8—前7世纪）、新巴比伦王国（公元前626—前539年）和波斯帝国（公元前6—前4世纪）。

两河流域的建筑成就在于创造了将基本原料用于建筑的结构体系和装饰方法。两河流域气候炎热多雨，盛产黏土，缺乏木材和石材，故人们从夯土墙开始，发展出土坯砖、烧砖的筑墙技术，并以沥青、陶钉石板贴面及琉璃砖保护墙面，使材料、结构、构造与造型有机结合，创造了以土作为基本材料的结构体系和墙体饰面装饰办法，对后来的拜占庭建筑和伊斯兰建筑影响很大，如图1-21～图1-23所示。

图 1-21　乌尔的观象台

图 1-22 古巴比伦空中花园示意

图 1-23 古代波斯帝国都城波斯波利斯遗址

3. 爱琴文明时期的建筑

爱琴文明是公元前 20 世纪—前 12 世纪存在于地中海东部的爱琴海岛、希腊半岛及小亚细亚西部的欧洲史前文明的总称，也曾被称为迈锡尼文明。爱琴文明发祥于克里特岛，是古希腊文明的开端，也是西方文明的源头。其宫室建筑及绘画艺术十分发达，是世界古代文明的一个重要代表，如图 1-24 所示。

图 1-24 克诺索斯的米诺王宫

4. 古希腊建筑

古希腊建筑经历了三个主要发展时期：公元前 8 世纪—前 6 世纪，纪念性建筑形成的古风时期；公元前 5 世纪，纪念性建筑成熟、古希腊本土建筑繁荣昌盛的古典时期；公元前 4 世纪—前 1 世纪，古希腊文化广泛传播到西亚北非地区并与当地传统相融合的希腊化时期。

古希腊建筑除屋架外全部使用石材设计建造，柱子、额枋、檐部的设计手法基本确定了古希腊建筑的外貌，通过长期的推敲改进，古希腊人设计了一整套做法，定型了多立克、爱奥尼克、科林斯三种主要柱式，如图 1-25 所示。

图 1-25　古希腊柱式示意

(a)古希腊多立克柱式；(b)古希腊爱奥尼克柱式；(c)古希腊科林斯柱式

古希腊建筑是人类建筑设计发展史上的伟大成就之一，给人类留下了不朽的艺术经典，如图 1-26 和图 1-27 所示。古希腊建筑通过自身的尺度感、体量感、材料质感、造型色彩及建筑自身所承载的绘画和雕刻艺术给人以巨大强烈的震撼，其梁柱结构、建筑构件特定的组合方式及艺术修饰手法等设计语汇极其深远地影响着后人的建筑设计风格，几乎贯穿于整个欧洲 2000 年的建筑设计活动，无论是文艺复兴时期、巴洛克时期、洛可可时期，还是集体主义时期，都可见到古希腊设计语汇的再现。因此，可以说古希腊是西方建筑设计的开拓者。

图 1-26　雅典卫城远景

图 1-27　古希腊帕特农神庙遗址

5. 古罗马建筑

古罗马文明通常是指从公元前 9 世纪初在意大利半岛中部兴起的文明。古罗马文明在自身的传统上广泛吸收东方文明与古希腊文明的精华。在罗马帝国产生和发展起来的基督教，对整个人类，尤其是欧洲文化的发展产生了极为深远的影响。

古罗马建筑除使用砖、木、石外，还使用了强度高、施工方便、价格低的火山灰混凝土，以满足建筑拱券的需求，并发明了相应的支模、混凝土浇灌及大理石饰面技术。古罗马建筑为满足各种复杂的功能要求，设计了筒拱、交叉拱、十字拱、穹隆（半球形）及拱券平衡技术等一整套复杂的结构体系，如图1-28和图1-29所示。

图1-28　古罗马万神庙内部

图1-29　君士坦丁凯旋门

（二）欧洲中世纪的建筑

1. 拜占庭建筑

在建筑设计的发展阶段方面，拜占庭大量保留和继承了古希腊、古罗马及波斯、两河流域的建筑艺术成就，并且具有强烈的文化世俗性。拜占庭建筑为砖石结构，局部加以混凝土，从建筑元素来看，拜占庭建筑包含了古代西亚的砖石券顶、古希腊的古典柱式和古罗马建筑规模宏大的尺度，以及巴西利卡的建筑形式，并发展了古罗马的穹顶结构和集中式形制，设计了4个或更多独立柱支撑的穹顶、帆拱、鼓座相结合的结构方法和穹顶统率下的集中式建筑形制。其教堂的设计布局可分为三类：巴西利卡式（如圣索菲亚教堂）、集中式（平面为圆形或正多边形）（图1-30）及希腊十字式。

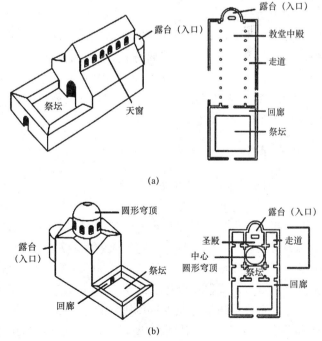

图1-30　巴西利卡与集中式教堂示意

（a）巴西利卡式教堂；（b）集中式教堂

2. 罗马式建筑

公元 9 世纪，西欧正式进入封建社会，这时的建筑形式继承了古罗马的半圆形拱券结构，采用传统的十字拱及简化的古典柱式和细部装饰，以拱顶取代了早期基督教堂的木屋顶，创造了扶壁、肋骨拱与束柱结构。因其形式略有罗马风格，故称为罗马式建筑。意大利比萨大教堂建筑群就是其中代表，如图 1-31 和图 1-32 所示。

罗马式建筑最突出的特点是创造了一种新的结构体系，即将原来的梁柱结构体系、拱券结构体系变成了由束柱、肋骨拱、扶壁组成的框架结构体系。框架结构的实质是将承力结构和围护材料分开，承力结构组成一个有机的整体，使围护材料可做得很轻很薄。

图 1-31　意大利比萨大教堂外观

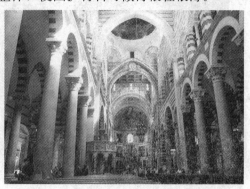

图 1-32　意大利比萨大教堂内部

3. 哥特式建筑

哥特式建筑的特点是拥有高耸尖塔、尖形拱门、大窗户及绘有圣经故事的花窗玻璃；在设计中利用尖肋拱顶、飞扶壁、修长的束柱，营造出轻盈修长的飞天感；使用新的框架结构以增加支撑顶部的力量，使整个建筑拥有直升线条、雄伟的外观，并使教堂内空间开阔，再结合镶着彩色玻璃的长窗，使教堂内产生一种浓厚的宗教气氛，如图 1-33 所示。

图 1-33　意大利米兰大教堂外观

(三)欧洲 15—18 世纪的建筑

1. 意大利文艺复兴时期的建筑

文艺复兴运动源于 14—15 世纪，随着生产技术和自然科学的重大进步，以意大利为中心的思想文化领域发生了反封建、反宗教神学的运动。佛罗伦萨、热那亚、威尼斯三个城市成为意大利乃至整个欧洲文艺复兴的发源地和发展中心。15 世纪，人文主义思想在意大利得到了蓬勃发展，人们开始狂热地学习古典文化，随之打破了封建教会的长期垄断局面，为新兴的资本主义制度开拓了道路。16 世纪是意大利文艺复兴的高度繁荣时期，出现了达·芬奇、米开朗琪罗和拉斐尔等伟大的艺术家。历史上将文艺复兴的年代广泛界定为 15—18 世纪长达 400 余年的这段时期，文艺复兴运动真正奠定了"建筑师"这个名词的意义，这为当时的社会思潮融入建筑设计领域找到了一个切入点。如果说文艺复兴以前的建筑和文化的联系多处于一种半自然的自发行为，那么，文艺复兴以后的建筑设计和人文思想的紧密结合就肯定是一种非偶然的人为行为，这种对建筑的理解一直影响着后世的各种流派。意大利文艺复兴时期典型的建筑如图 1-34～图 1-36 所示。

2. 法国古典主义建筑

法国古典主义是指 17 世纪流行于西欧，特别是法国的一种文学思潮，因为它在文艺理论和创作实践上以古希腊、古罗马为典范，故被称为"古典主义"。16 世纪，在意大利文艺复兴建筑的影响下形成了法国文艺复兴建筑。自此开始，法国建筑的设计风格由哥特式向文艺复兴式过渡。这一时期的建筑设计风格往往将文艺复兴建筑的细部装饰手法融合在哥特式的宫殿、府邸和市民住宅建筑设计中。17—18 世纪上半叶，古典主义建筑设计思潮在欧洲占据统治地位，其广义上是指意大利文艺复兴建筑、巴洛克建筑和洛可可建筑等采用古典形式的建筑设计风格；狭义上则指运用纯正的古典柱式的建筑，即 17 世纪法国专制君权时期的建筑设计风格。法国古典主义典型的建筑如图 1-37～图 1-39 所示。

图 1-34 意大利佛罗伦萨大教堂
圆形大穹顶外观

图 1-35 圣彼得大教堂

图 1-36 美狄奇—吕卡尔第府邸

图 1-37 法国巴黎罗浮宫的东立面

图 1-38　法国凡尔赛宫内部

图 1-39　西班牙教堂立面的洛可可装潢

3. 欧洲其他国家的建筑

16—18 世纪，意大利文艺复兴建筑风靡欧洲，遍及英国、德国、西班牙及北欧各国，并与当地的固有建筑设计风格逐渐融合，如图 1-40～图 1-44 所示。

图 1-40　尼德兰行会大厦

图 1-41　英国哈德威克府邸

图 1-42　德国海尔布隆市政厅

图 1-43　西班牙圣地亚哥大教堂

图1-44　俄罗斯冬宫

（四）欧美资产阶级革命时期的建筑

18—19世纪的欧洲历史是工业文明化的历史，也是现代文明化的历史，或者叫作现代化的历史。18世纪，欧洲各国的君主集权制度大都处于全盛时期，逐渐开始与中国、印度和土耳其进行小规模的通商贸易，并持续在东南亚与大洋洲建立殖民地。在启蒙运动的感染下，欧洲基督教教会的传统思想体系受到挑战，新的文化思潮与科学成果逐渐渗入社会生活的各个层面，民主思潮在欧美各国迅速传播开来。19世纪，工业革命为欧美各国带来了经济技术与科学文化的飞速发展，直接推动了西欧和北美国家的现代工业化进程。这一时期建筑设计艺术的主要体现为：18世纪流行的古典主义逐渐被新古典主义与浪漫主义取代，后又向折中主义发展，为后来欧美建筑设计的多元化发展奠定了基础。

1. 新古典主义

18世纪60年代—19世纪，新古典主义建筑设计风格在欧美一些国家普遍流行。新古典主义也称为古典复兴，是一个独立设计流派的名称，也是文艺复兴运动在建筑界的反映和延续。新古典主义一方面源于对巴洛克和洛可可的艺术反动，另一方面以重振古希腊和古罗马艺术为信念，在保留古典主义端庄、典雅的设计风格的基础上，运用多种新型材料和工艺对传统作品进行改良简化，以形成新型的古典复兴式设计风格（图1-45）。

2. 浪漫主义

18世纪下半叶—19世纪末期，在文学艺术的浪漫主义思潮的影响下，欧美一些国家开始流行一种被称为浪漫主义的建筑设计风格。浪漫主义思潮在建筑设计上表现为强调个性，提倡自然主义，主张运用中世纪的设计风格对抗学院派的古典主义，追求超凡脱俗的趣味和异国情调（图1-46）。

图1-45 新古典主义风格的建筑设计　　　　　　图1-46 英国议会大厦

3. 折中主义

折中主义是19世纪上半叶兴起的一种创作思潮。折中主义任意选择与模仿历史上的各种风格，将它们组合成各种式样，又称为"集仿主义"。折中主义建筑并没有固定的风格，它结构复杂，但讲究比例权衡的推敲，常沉醉于对"纯形式"美的追求（图1-47和图1-48）。

图1-47 巴黎圣心教堂外观　　　　　　图1-48 巴黎圣心教堂内部

(五)欧美近现代建筑(20世纪以来)

19世纪末20世纪初，以西欧国家为首的欧美社会出现了一场以反传统为主要特征的、广泛突变的文化革新运动，这场狂热的革新浪潮席卷了文化与艺术的方方面面。其中，哲学、美术、雕塑和机器美学等方面的变迁对建筑设计的发展产生了深远的影响。20世纪是欧美各国进行新建筑探索的时期，也是现代建筑设计的形成与发展时期，社会文化的剧烈变迁为建筑设计的全面革新创造了条件(图1-49～图1-52)。

图1-49　莫里斯红屋

图1-50　巴塞罗那米拉公寓

图1-51　德国通用电气公司的厂房建筑车间

图1-52　斯德哥尔摩市的图书馆外观

　　20世纪60年代以来，由于生产的急速发展和生活水平的提高，人们的意识日益受到机械化大批量与程式化生产的冲击，社会整体文化逐渐趋向于标榜个性与自我回归意识，一场所谓的"后现代主义"社会思潮在欧美社会文化与艺术领域产生并蔓延。美国建筑师文丘里认为"创新可能就意味着从旧的东西中挑挑拣拣""赞成二元论""容许违反前提的推理"，文丘里设计的建筑总会以一种和谐的方式与当地环境相得益彰(图1-53)。美国建筑师罗伯特·斯特恩则明确提出后现代主义建筑采用装饰、具有象征性与隐喻性、与现有整体环境融合的三个设计特征(图1-54、图1-55)。在后现代主义的建筑中，建筑师拼凑、混合、折中了各种不同形式和风格的设计元素，因此，出现了所谓的新理性派、新乡土派、高技派、粗野主义、解构主义、极少主义、生态主义和波普主义等众多设计风格。

图 1-53　宾夕法尼亚州文丘里住宅

图 1-54　欧洲迪斯尼纽波特
海湾俱乐部外观

图 1-55　欧洲迪斯尼纽波特海湾俱乐部内部

第二节　建筑的构成要素

建筑的构成要素主要包括建筑功能、物质技术条件、建筑形象。

一、建筑功能

建筑功能是人们建造房屋的目的和使用要求的综合体现。它在建筑中起决定性的作用，对建筑平面布局组合、结构形式、建筑体型等方面都有极大的影响。人们建筑房屋不仅要满足生产、生活、居住等要求，也要适应社会的需求。各类房屋的建筑功能并不是一成不变的，随着科学技术的发展、经济的繁荣，以及物质和文化生活水平的提高，人们对建筑功能的要求也将日益提高。

二、物质技术条件

物质技术条件是实现建筑的手段，包括建筑材料、结构与构造、设备、施工技术等有关方面的内容。建筑水平的提高离不开物质技术条件的发展，而物质技术条件的发展又与社会生产力水平的提高、科学技术的进步有关。建筑技术的进步、建筑设备的完善、新材料的出现、新结构体系的不断产生，有效地促进了建筑朝着大空间、大高度、新结构形式的方向发展。

三、建筑形象

建筑形象是建筑内、外感观的具体体现，因此，必须符合美学的一般规律。它包含建筑形体、空间、线条、色彩、材料质感、细部的处理及装修等方面。由于时代、民族、地域文化、风土人情的不同，人们对建筑形象的理解各不相同，因而出现了不同风格且具有不同使用要求的建筑，如庄严雄伟的执法机构建筑、古朴大方的学校建筑、简洁明快的居住建筑等。成功的建筑应当反映时代特征、民族特点、地方特色和文化色彩，应有一定的文化底蕴，并与周围的建筑和环境有机融合与协调。

建筑的构成三要素是密不可分的，建筑功能是建筑的目的，居于首要地位；物质技术条件是建筑的物质基础，是实现建筑功能的手段；建筑形象是建筑的结果。它们相互制约、相互依存，彼此之间是辩证统一的关系。

第三节　建筑物的分类

人们兴建的供人们生活、学习、工作及从事生产和各种文化活动的房屋或场所称为建筑物，如水池、水塔、支架、烟囱等。间接为人们生产生活提供服务的设施则称为构筑物。建筑物可从多方面进行分类，常见的分类方法有以下几种。

一、按照使用性质分类

建筑物的使用性质又称为功能要求，建筑物按功能要求可分为民用建筑、工业建筑、农业建筑三类。

1. 民用建筑

民用建筑是指供人们工作、学习、生活等的建筑，一般分为以下两种：

(1)居住建筑，如住宅、学校宿舍、别墅、公寓、招待所等。

(2)公共建筑，如办公、行政、文教、商业、医疗、邮电、展览、交通、广播、园林、纪念性建筑等。有些大型公共建筑内部功能比较复杂，可能同时具备上述两个或两个以上的功能，一般把这类建筑称为综合性建筑。

2. 工业建筑

工业建筑是指各类生产用房和生产服务的附属用房，又分为以下三种：

(1)单层工业厂房，主要用于重工业类的生产企业。

(2)多层工业厂房，主要用于轻工业类的生产企业。

(3)层次混合的工业厂房，主要用于化工类的生产企业。

3.农业建筑

农业建筑是指供人们进行农牧业种植、养殖、贮存等的建筑，如温室、禽舍、仓库农副产品加工厂、种子库等。

二、按照层数或高度分类

建筑物按照层数或高度，可以分为单层、多层、高层、超高层。对后三者，各国划分的标准不同。

我国《民用建筑设计统一标准》(GB 50352—2019)的规定，高度不大于 27.0 m 的住宅建筑、建筑高度不大于 24.0 m 的公共建筑及建筑高度大于 24.0 m 的单层公共建筑为低层或多层民用建筑；建筑高度大于 27.0 m 的住宅建筑和建筑高度大于 24.0 m 的非单层公共建筑，且高度不大于 100.0 m 的，为高层民用建筑；建筑高度大于 100.0 m 的为超高层建筑。

三、按照建筑结构形式分类

建筑物按照建筑结构形式，可以分成墙承重、骨架承重、内骨架承重、空间结构承重四类。随着建筑结构理论的发展和新材料、新机械的不断涌现，建筑结构形式也在不断地推陈出新。

(1)墙承重。由墙体承受建筑的全部荷载，墙体担负着承重、围护和分隔的多重任务。这种承重体系适用于内部空间、建筑高度均较小的建筑。

(2)骨架承重。由钢筋混凝土或型钢组成的梁柱体系承受建筑的全部荷载，墙体只起到围护和分隔的作用。这种承重体系适用于跨度大、荷载大的高层建筑。

(3)内骨架承重。建筑内部由梁柱体系承重，四周用外墙承重。这种承重体系适用于局部设有较大空间的建筑。

(4)空间结构承重。由钢筋混凝土或钢组成空间结构承受建筑的全部荷载，如网架结构、悬索结构、壳体结构等。这种承重体系适用于大空间建筑。

四、按照承重结构的材料类型分类

从广义上说，结构是指建筑物及其相关组成部分的实体；从狭义上说，结构是指各个工程实体的承重骨架。应用在工程中的结构称为工程结构，如桥梁、堤坝、房屋结构等；局限于房屋建筑中采用的工程结构称为建筑结构。按照承重结构的材料类型，建筑物结构分为金属结构、混凝土结构、钢筋混凝土结构、木结构、砌体结构和组合结构等。

五、按照施工方法分类

建筑物按照施工方法，可分为现浇整体式、预制装配式、装配整体式等。

(1)现浇整体式。指主要承重构件均在施工现场浇筑而成。其优点是整体性好、抗震性能好；其缺点是现场施工的工作量大，需要大量的模板。

(2)预制装配式。指主要承重构件均在预制厂制作，在现场通过焊接拼装成整体。其优点是施工速度快、效率高；其缺点是整体性差、抗震能力弱，不宜在地震区采用。

(3)装配整体式。指一部分构件在现场浇筑而成(大多为竖向构件)，另一部分构件在预制厂制作(大多为水平构件)。其特点是现场工作量比现浇整体式少,与预制装配式相比,可省去接头连接件,因此,兼有现浇整体式和预制装配式的优点,但节点区现场浇筑混凝土施工复杂。

六、按照建筑规模和建造数量的差异分类

民用建筑还可以按照建筑规模和建造数量的差异进行分类。

(1)大型性建筑。主要包括建造数量少、单体面积大、个性强的建筑,如机场候机楼、大型商场、旅馆等。

(2)大量性建筑。主要包括建造数量多、相似性高的建筑,如住宅、宿舍、中小学教学楼、加油站等。

第四节　建筑的等级

建筑的等级包括设计使用等级、耐火等级、工程等级三个方面。

一、建筑的设计使用等级

建筑物的设计使用年限主要根据建筑物的重要性和建筑物的质量标准确定,它是建筑投资、建筑设计和结构构件选材的重要依据。《民用建筑设计统一标准》(GB 50352—2019)对建筑物的设计使用年限作了规定。民用建筑共分为四类:1类建筑的设计使用年限为 5 年,适用于临时性建筑;2 类建筑的设计使用年限为 25 年,适用于易于替换结构构件的建筑;3 类建筑的设计使用年限为 50 年,适用于普通建筑和构筑物;4 类建筑的设计使用年限为 100 年,适用于纪念性建筑和特别重要的建筑。

民用建筑设计
统一标准

二、建筑的耐火等级

建筑的耐火等级取决于建筑主要构件的耐火极限和燃烧性能。耐火极限是指对任一建筑构件按时间-温度标准曲线进行耐火试验,构件从受到火的作用时起,到失去支持能力或完整性破坏或失去隔火作用时止的这段时间,以 h 为单位。《建筑设计防火规范(2018 年版)》(GB 50016—2014)规定民用建筑的耐火等级分为一级、二级、三级、四级,除本规范另有规定外,不同耐火等级建筑相应构件的燃烧性能和耐火等级不应低于表 1-1 所示的规定。

表 1-1　不同耐火等级建筑相应构件的燃烧性能和耐火等级　　　　　　　　　　h

构件名称		耐火等级			
		一级	二级	三级	四级
墙	防火墙	不燃性 3.00	不燃性 3.00	不燃性 3.00	不燃性 3.00
	承重墙	不燃性 3.00	不燃性 2.50	不燃性 2.00	难燃性 0.50

构件名称		耐火等级			
		一级	二级	三级	四级
墙	楼梯间和前室的墙 电梯井的墙 住宅建筑单元之 间的墙和分户墙	不燃性 2.00	不燃性 2.00	不燃性 1.50	难燃性 0.50
	疏散走道 两侧的隔墙	不燃性 1.00	不燃性 1.00	不燃性 0.50	难燃性 0.25
	房间隔墙	不燃性 0.75	不燃性 0.50	难燃性 0.50	难燃性 0.25
柱		不燃性 3.00	不燃性 2.50	不燃性 2.00	难燃性 0.50
梁		不燃性 2.00	不燃性 1.50	不燃性 1.00	难燃性 0.50
楼板		不燃性 1.50	不燃性 1.00	不燃性 0.75	难燃性 0.50
屋顶承重构件		不燃性 1.50	不燃性 1.00	难燃性 0.50	可燃性
疏散楼梯		不燃性 1.50	不燃性 1.00	不燃性 0.50	可燃性
吊顶(包括吊顶格栅)		不燃性 0.25	难燃性 0.25	难燃性 0.15	可燃性

三、建筑的工程等级

建筑按照其重要性、规模、使用要求的不同,可以分为特级、一级、二级、三级、四级、五级共六个级别,具体划分见表1-2。

表1-2 建筑的工程等级

工程等级	工程主要特征	工程范围举例
特级	(1)列为国家重点项目或以国际活动为主的特高级大型公共建筑; (2)有全国性历史意义或技术要求特别复杂的中、小型公共建筑; (3)30层以上的建筑; (4)空间高大,有声、光等特殊要求的建筑物	国宾馆,国家大会堂,国际会议中心,国际体育中心,国际贸易中心,国际大型航空港,国际综合俱乐部,重要历史纪念建筑,国家级图书馆、博物馆、美术馆、剧院、音乐厅,三级以上人防建筑
一级	(1)高级、大型公共建筑; (2)有地区性历史意义或技术要求特别复杂的中、小型公共建筑; (3)16层以上29层以下或超过50 m高的公共建筑	高级宾馆,旅游宾馆,高级招待所,别墅,省级展览馆、博物馆、图书馆,科学实验研究楼(包括高等院校),高级会堂,高级俱乐部,≥300张床位的医院、疗养院,医疗技术楼,大型门诊楼,大中型体育馆,室内游泳馆,大城市火车站,航运站,邮电通信楼,综合商业大楼,高级餐厅,四级人防建筑等

工程等级	工程主要特征	工程范围举例
二级	(1)中高级、大型公共建筑； (2)技术要求较高的中、小型建筑； (3)16层以上29层以下的住宅	大专院校教学楼、档案楼、礼堂、电影院，部、省级机关办公楼，<300张床位的医院、疗养院，市级图书馆、文化馆、少年宫，中等城市火车站、邮电局、多层综合商场，高级小住宅等
三级	(1)中级、中型公共建筑； (2)7层以上(包括7层)15层以下有电梯的住宅或框架结构的建筑	重点中学教学楼、试验楼、电教楼，邮电所，门诊所，百货楼，托儿所，1或2层商场，多层食堂，小型车站等
四级	(1)一般中、小型公共建筑； (2)7层以下无电梯的住宅、宿舍及砌体建筑	一般办公楼、中小学教学楼、单层食堂、单层汽车库、消防站、杂货店、理发室、蔬菜门市部等
五级	1或2层单功能、一般小跨度建筑	—

第五节　建筑模数

一、建筑模数的定义

建筑模数是指选定的标准尺寸单位，作为尺度协调中的增值单位，也是建筑设计、建筑施工、建筑材料与制品、建筑设备、建筑组合件等各部门进行尺度协调的基础，其目的是使构配件安装吻合，并有互换性，包括基本模数和导出模数两种。

建筑模数协调标准

1. 基本模数

基本模数是模数协调中选用的基本单位，其数值为 100 mm，符号为 M，即 1 M＝100 mm。整个建筑物及其一部分或建筑组合构件的模数化尺寸应为基本模数的倍数。

2. 导出模数

导出模数是在基本模数的基础上发展出来的、相互之间存在某种内在联系的模数，包括扩大模数和分模数两种。

(1)扩大模数。扩大模数是基本模数的整数倍数。水平扩大模数基数为 3 M、6 M、12 M、15 M、30 M、60 M，其相应的尺寸分别是 300 mm、600 mm、1 200 mm、1 500 mm、3 000 mm、6 000 mm。竖向扩大模数基数为 3 M、6 M，其相应的尺寸分别是 300 mm、600 mm。

(2)分模数。分模数是用整数去除基本模数的数值。分模数基数为 M/10、M/5、M/2，其相应的尺寸分别是 10 mm、20 mm、50 mm。

二、模数数列

模数数列是以选定的模数基数为基础而展开的模数系统。它可以保证不同建筑及其组成部分之间尺度的统一协调，有效地减少建筑尺寸的种类，并确保尺寸合理并有一定的灵活性。建筑物的所有尺寸除特殊情况外，均应满足模数数列的要求。模数数列幅度有以下规定：

(1)水平基本模数的数列幅度为 1～20 M。

(2)竖向基本模数的数列幅度为 1～36 M。

(3)水平扩大模数数列的幅度：3 M 数列为 3～75 M；6 M 数列为 6～96 M；12 M 数列为 12～120 M；15 M 数列为 15～120 M；30 M 数列为 30～360 M；60 M 数列为 60～360 M，必要时幅度不限。

(4)竖向扩大模数数列的幅度不受限制。

(5)分模数数列的幅度：M/10 数列为 1/10～2 M；M/5 数列为 1/5～4 M；M/2 数列为 1/2～10 M。

三、模数的适用范围

(1)基本模数主要用于门窗洞口、建筑物的层高、构配件断面尺寸。

(2)扩大模数主要用于建筑物的开间、进深、柱距、跨度、高度、层高、构件标志尺寸和门窗洞口尺寸。

(3)分模数主要用于缝宽、构造节点、构配件断面尺寸。

四、构件的三种尺寸

1. 标志尺寸

标志尺寸符合模数数列的规定，用于标注建筑物的定位轴线，或定位面之间的尺寸，常在设计中使用，故又称为设计尺寸。定位线之间的垂直距离(如开间、柱距、进深、跨度、层高等)及建筑构配件、建筑组合件、建筑制品有关设备界限之间的尺寸统称标志尺寸，如图 1-56 所示。

2. 构造尺寸

构造尺寸是指建筑构配件、建筑组合件、建筑制品等之间组合时所需的尺寸。一般情况下，构造尺寸为标志尺寸扣除构件实际尺寸，如图 1-57 所示。

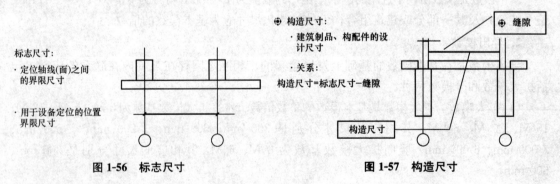

图 1-56 标志尺寸   图 1-57 构造尺寸

3. 实际尺寸

实际尺寸是指建筑物构配件、建筑组合件、建筑制品等生产出来后的实有尺寸。实际尺寸与构造尺寸之间的差数应符合建筑公差的规定。

本章小结

本章主要介绍了建筑工程的基础知识，内容包括建筑历史及发展，建筑的基本构成要素，建筑物的分类方法，建筑的设计使用等级、耐火等级和工程等级，建筑模数的定义、模数数列及其适用范围等。通过本章的学习，学生应对建筑工程有一个初步的认识，为今后的学习打下基础。

思考与练习

1. 简述魏晋南北朝时期建筑的特点。
2. 简述元、明、清时期建筑的特点。
3. 欧洲中世纪的建筑主要有哪几种风格？
4. 简述建筑的构成要素。
5. 建筑物按照使用性质可分为哪几类？
6. 特级建筑的工程主要特征有哪些？
7. 模数数列幅度有哪些规定？

第二章 建筑制图基础

学习目标

1. 了解建筑制图工具及其使用方法。

2. 掌握建筑制图标准对图纸幅面、标题栏、图线、字体、比例、尺寸等的基本规定；了解常用的建筑材料图例。

3. 了解投影形成的原理、投影法的分类、常见投影的特性；掌握基本形体和组合形体的投影规则。

4. 掌握剖面图与断面图的画法规定；了解剖面图、断面图的种类。

能力目标

1. 能够熟练使用建筑制图工具。

2. 能够熟练掌握制图标准并在学习过程中灵活运用。

3. 能够熟练应用三面正投影的基本规律。

4. 能够熟练应用轴测投影的画法、剖面图与断面图的绘图方法。

第一节 建筑制图工具

一、建筑制图常用工具

学习建筑制图前，首先要了解各种建筑制图工具的性能，熟练掌握它们的使用方法，加快制图速度，才能保证制图质量。

在进行建筑制图时，最常用的建筑制图工具有图板、丁字尺或一字尺、三角板、比例尺(三棱尺)、圆规、分规，以及绘图笔、模板等。

(一)图纸

图纸有绘图纸和描图纸两种。绘图纸用于画铅笔图或墨线图，要求纸面洁白、质地坚实，并以橡皮擦拭不起毛、画墨线不洇为好。

描图纸又称硫酸纸，专门用于针管笔等描图，并以此复制蓝图。

(二)图板

图板是铺放图纸用的工具，常见的是两面有胶合板的空心板，四周镶有硬木条。板面要平整、无结疤，图板的四边要求十分平直和光滑。画图时，丁字尺靠着图板的左边上下滑动画平行线，这时，左边就叫作工作边，如图 2-1 所示。

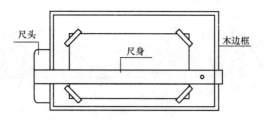

图 2-1　图板和丁字尺

图板常用的规格有 0 号、1 号和 2 号，见表 2-1，分别适用于相应图号的图纸。学习中，多用 1 号图板或 2 号图板。

表 2-1　图板的规格

图板的规格	0 号	1 号	2 号
图板尺寸(宽×高)/(mm×mm)	900×1 200	600×900	450×600

图板是绘图的主要工具，应防止受潮或光晒；板面上也不可以放重的东西，以免图板变形走样或压坏板面；贴图纸宜用透明胶带纸，不宜使用图钉。不用时将图板竖向放置保管。

（三）丁字尺

丁字尺由相互垂直的尺头和尺身构成，一般采用有机玻璃制成，尺头的内侧边缘和尺身的工作边必须平直光滑。丁字尺是用来画水平线的。画线时左手把住尺头，使它始终贴住图纸左边，然后上下推动，直至丁字尺工作边对准要画线的地方，再从左至右画出水平线，如图 2-2 所示。

注意：不得把丁字尺头靠在图板的右边、下边或上边画线，也不得用丁字尺的下边画线。丁字尺用完后要挂起来，防止尺身变形。

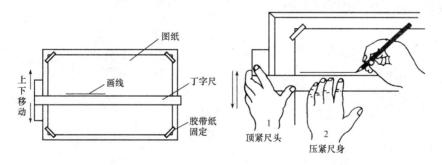

图 2-2　丁字尺的用法

丁字尺与图板规格是配套的，常用的有 1 500 mm、1 200 mm、1 100 mm、800 mm、600 mm 等多种规格。

（四）三角板

三角板一般用有机玻璃或塑料制成(图 2-3)，可以配合丁字尺画铅垂线和与水平线成 30°、45°、60°角的倾斜线。用两块三角板组合还能画与水平线成 15°、75°角的倾斜线，如图 2-4 所示。

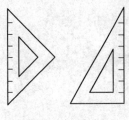

图 2-3 三角板

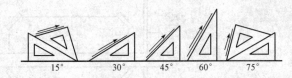

图 2-4 三角板与丁字尺配合画线

一副三角板有两块，一块是 $30°\times60°\times90°$，另一块是 $45°\times45°\times90°$。其规格有 200 mm、250 mm、300 mm 等多种。

三角板是工程制图的主要工具之一，采用三角板画线时，应先将丁字尺推到线的下方，再将三角板放在线的右方，并使它的一个直角边靠贴在丁字尺的工作边上，然后移动三角板，直至另一个直角边靠贴竖直线，再用左手轻轻按住丁字尺和三角板，右手持铅笔，自下而上画出竖直线，如图 2-5 所示。

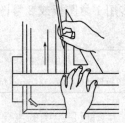

图 2-5 用三角板和丁字尺配合画竖直线

（五）比例尺

比例尺是直接用来放大或缩小图线长度的度量工具。比例尺通常制成三棱柱状，故又称为三棱尺（图 2-6）。可直接用它在图纸上量取物体的实际尺寸，一般为木制或塑料制品。比例尺的三个棱面刻有 6 种比例，通常为 $1:100$、$1:200$、$1:300$、$1:400$、$1:500$、$1:600$，比例尺上的数字以 m 为单位。

利用比例尺直接量度尺寸，尺子比例应与图样比例相同。将尺子置于图上要量度距离之外，并需对准量度方向，便可直接量出尺寸；若有不同，可采用换算方法求得。如图 2-7 所示，线段 AB 采用 $1:300$ 比例量出读数为 12 m；若采用 $1:30$ 比例，它的读数为 1.2 m；若采用 $1:3$ 比例，它的读数为 0.12 m。为求绘图精确，使用比例尺时切勿累计其距离，应注意先绘制整个宽度和长度，然后进行分割。

图 2-6 比例尺

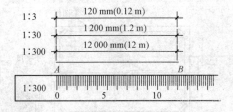

图 2-7 比例换算

比例尺不能用来画线，不能弯曲，尺身应保持平直完好，尺子上的刻度要清晰、准确，以免影响使用。

（六）圆规

圆规是画圆或圆弧的仪器。常用的是四用圆规组合式，有台肩一端钢针的针尖应在圆心处，以防圆心孔扩大，影响画图质量；圆规的另一条腿上应有插接构造，即有固定针脚及可移动的铅笔脚、鸭嘴脚及延伸杆（图 2-8）。

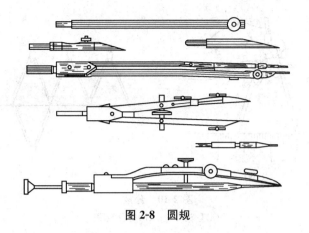

图 2-8　圆规

弓形小圆规：用于画小圆。

精密小圆规：用于画小圆，迅速方便，使用时针尖固定不动，将笔绕它旋转。

圆规在使用前应先调整针脚，使圆心钢针略长于铅芯（或墨线笔头），如图 2-9(a)所示，铅芯应磨削成 65°的斜面，斜面向外。画圆或圆弧时，可由左手食指帮助针尖扎准圆心，调整两脚距离，使其等于半径长度，然后从左下方开始，顺时针方向转动圆规，笔尖应垂直于纸面，如图 2-9(b)、(c)所示。

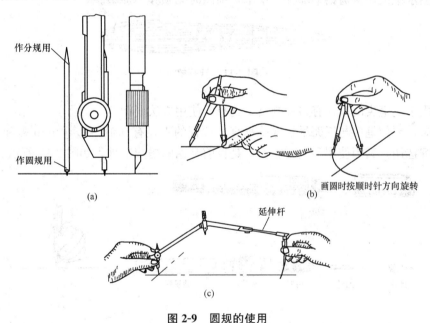

图 2-9　圆规的使用
(a)圆心钢针略长于铅芯；(b)圆的画法；(c)画大圆时加延伸杆

(七)分规

分规是用来量取线段、量裁尺寸和等分线段的一种仪器(图 2-10)。

分规的两端脚部均固定钢针，使用时要检查两脚高低是否一致，如不一致则要放松螺钉调整。

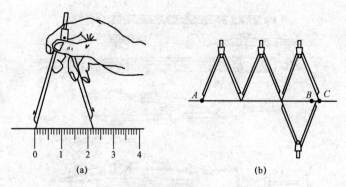

图 2-10 分规

(a)量裁尺寸；(b)等分线段

(八)绘图笔

绘图笔的种类很多，有绘图墨水笔、鸭嘴笔、绘图铅笔等。

1. 绘图墨水笔

绘图墨水笔的笔尖是一根细针管。针管笔是目前使用广泛的绘图墨水笔，如图 2-11 所示。绘图墨水笔能像普通钢笔那样吸墨水，描图时无须频频加墨。

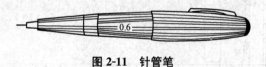

图 2-11 针管笔

绘图墨水笔笔尖的口径有多种规格供选择，使用方法同钢笔。

画线时，要使笔尖与纸面尽量保持垂直。针管的直径有 0.18~1.40 mm 多种，可根据图线的粗细选用。其因使用和携带方便，是目前常用的描图工具，如图 2-12 所示。

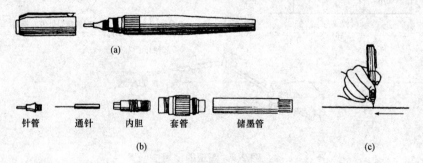

(a)

针管   通针   内胆   套管   储墨管

(b)   (c)

图 2-12 绘图墨水笔

(a)外观；(b)内部组成；(c)画线时与纸面保持垂直

2. 鸭嘴笔

鸭嘴笔又称直线笔，是描图上墨的画线工具。

鸭嘴笔笔尖的螺钉可以调整两叶片间的距离，以确定墨线的粗细。加墨水时，要用墨水瓶盖上的吸管蘸上墨水，送进两叶片之间，要注意在图纸范围外加墨，以免墨水滴在图纸上。切勿将鸭嘴笔插入墨水瓶内蘸墨，如叶片外面沾有墨水，要用抹布擦干净，以免画线时墨水沿着尺边渗入尺度导致跑墨，弄脏图纸。

执笔画线时，螺钉帽向外，小指应搁在尺身上，笔杆向画线方向倾斜约 30°，如图 2-13 所示。

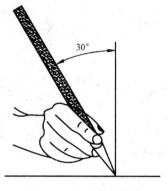

图 2-13　持鸭嘴笔姿势

3. 绘图铅笔

绘图铅笔分木铅笔和活动铅笔两种。铅芯有各种不同的硬度。标号 B，2 B，3 B，…，6 B 为软铅芯，数字越大表示铅芯越软；标号 H，2 H，3 H，…，6 H 为硬铅芯，数字越大表示铅芯越硬。标号 HB 表示硬度适中。画底稿时常用 2 H 或 H 铅笔，徒手画图时常用 HB 或 B 铅笔。削木铅笔时，铅笔尖应削成锥形，铅尖露出 6～8 mm，要注意保留有标号的一端，以便始终能识别铅笔的硬度。

铅笔笔芯可以削成楔形、尖锥形和圆锥形等。楔形铅芯可削成不同的厚度，用于加深不同宽度的图线；尖锥形铅芯用于画稿线、细线和注写文字等。

铅笔应从没有标记的一端开始使用。画线时握笔要自然，速度、用力要均匀。用圆锥形铅芯画较长的线段时，应边画边在手中缓慢地转动且始终与纸面保持一定的角度。

二、建筑制图辅助工具

1. 曲线板

曲线板是用来绘制非圆弧曲线的工具。曲线板的种类很多，曲率大小各不相同，有单块的，也有多块成套的，如图 2-14 所示。

图 2-14　曲线板

绘制曲线时，首先按相应作图法作出曲线上的一些点，再用铅笔徒手将各点依次连成曲线，然后找出曲线板上与曲线吻合的一段，画出该段曲线，最后同样找出下一段，注意前、后两段应有一小段重合，这样曲线才会显得圆滑。依此类推，直至画完全部曲线，如图 2-15 所示。

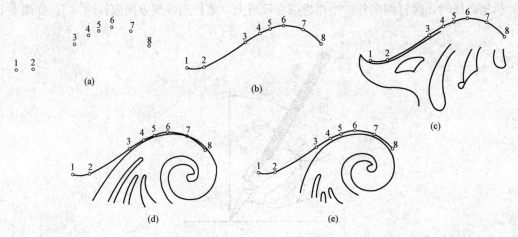

图 2-15　曲线板的用法

2. 模板

为了提高绘图速度和质量，将图样上常用的一些符号、图例和比例等，刻在透明的塑料板上，制成模板使用。绘制不同专业的图纸，应选用不同的模板。常用的模板有建筑模板（图 2-16）、装饰模板、结构模板等。

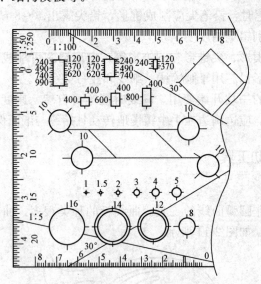

图 2-16　建筑模板

模板上刻有用于画出各种图例的孔，如其大小已符合一定比例，只要用笔在孔内画一周，即可画出图例。

3. 擦图片

擦图片是用来修改错误图样的。它是用透明塑料或不锈钢制成的薄片，薄片上刻有各种形状的模孔，其形状如图 2-17 所示。

使用时，应使画错的线在擦图片上适当的小孔内露出来，再用橡皮擦拭，以免影响其邻近的线条。

4. 透明胶带纸

透明胶带纸用于在图板上固定图纸，通常使用 1 mm 宽的透明胶带纸粘贴。绘制图纸时，不要使用普通图钉来固定图纸。

5. 砂纸

在工程制图中，砂纸的主要用途是将铅芯磨成所需的形状。砂纸可用双面胶带固定在薄木板或硬纸板上，做成图 2-18 所示的形状。当图面用橡皮擦拭后可用排笔扫掉碎屑。

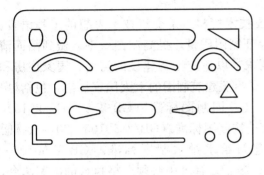

图 2-17 擦图片

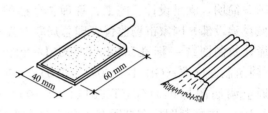

图 2-18 砂纸板

三、其他绘图工具

1. 一字尺

一字尺的作用和丁字尺相同，由于其使用比较方便，故经常被采用，如图 2-19 所示。

2. 绘图机

绘图机是一种综合的绘图设备，如图 2-20 所示。绘图机上装有一对可按需要移动和转动的相互垂直的直尺，用它来完成丁字尺、三角板、量角器等工具的工作，使用方便，绘图效率高。

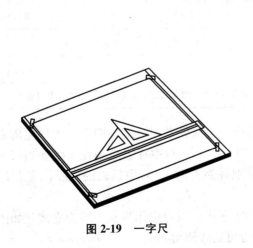

图 2-19 一字尺

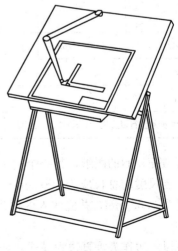

图 2-20 绘图机

3. 自动绘图系统

自动绘图系统是当前最先进的绘图设备，由电子计算机、绘图机、打印机和图形输入设备等组成。随着计算机辅助技术（CAD）的应用和发展，计算机绘图可以将技术人员从繁重的手工绘图中解放出来，缩短建筑工程设计的周期，提高图样质量，从而提高工作效率。

第二节　建筑制图标准

建筑图纸是建筑设计和建筑施工中的重要技术资料，是交流技术思想的工程语言。为了使建筑专业、室内设计专业制图规范，保证制图质量，提高制图效率，做到图面清晰、简明，满足设计、施工、管理、存档的要求，以适应工程建设的需要，国家住房和城乡建设部、国家市场监督管理总局联合发布了有关建筑制图的六大国家标准，包括《房屋建筑制图统一标准》（GB/T 50001—2017）、《总图制图标准》（GB/T 50103—2010）、《建筑制图标准》（GB/T 50104—2010）、《建筑结构制图标准》（GB/T 50105—2010）、《暖通空调制图标准》（GB/T 50114—2010）、《建筑给水排水制图标准》（GB/T 50106—2010）。国家制图标准是所有工程人员在设计、施工、管理中必须严格执行的国家法令，每个人必须严格遵守。

一、图纸幅面及标题栏

1. 图纸幅面

图纸幅面简称图幅，是指图纸尺寸的大小。为了使图纸整齐，便于保管和装订，国家标准规定了所有设计图纸的幅面及图框尺寸，见表 2-2。常见的图幅有 A0、A1、A2、A3、A4 等。

房屋建筑制图
统一标准

表 2-2　幅面及图框尺寸　　　　　　　　　　　　　　　　mm

幅面代号 / 尺寸代号	A0	A1	A2	A3	A4
$b \times l$	841×1 189	594×841	420×594	297×420	210×297
c	10			5	
a	25				

注：表中 b 为幅面短边尺寸；l 为幅面长边尺寸；c 为图框线与幅面线间宽度；a 为图框线与装订边间宽度。

需要微缩复制的图纸，其一个边上应附有一段准确米制尺度，四个边上均应附有对中标志，米制尺度的总长应为 100 mm，分格为 10 mm。对中标志应画在图纸各边长的中点处，线宽为 0.35 mm，并应伸入内框边，在框外为 5 mm。对中标志的线段，应于 l_1 和 b_1 范围取中。

图纸以短边作为垂直边为横式，如图 2-21 所示；以短边作为水平边为立式，如图 2-22 所示。A0～A3 图纸宜横式使用，必要时，也可立式使用。

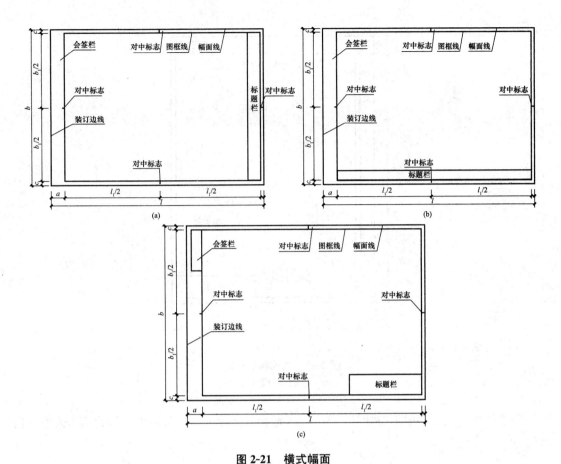

图 2-21　横式幅面

(a)A0~A3 横式幅面(一)；(b)A0~A3 横式幅面(二)；(c)A0~A1 横式幅面(三)

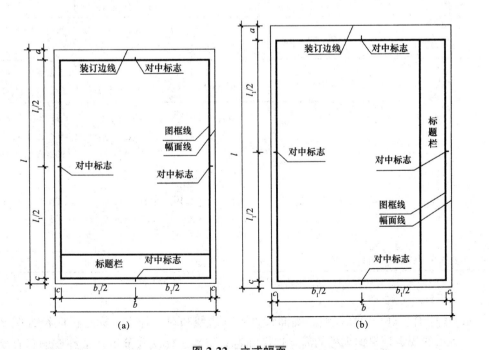

图 2-22　立式幅面

(a)A0~A4 立式幅面(一)；(b)A0~A4 立式幅面(二)

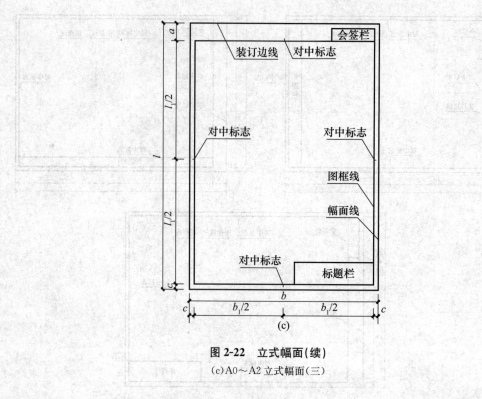

图 2-22 立式幅面（续）

(c)A0～A2 立式幅面（三）

图纸的短边尺寸一般不应加长，A0～A3 幅面长边尺寸可加长，但应符合表 2-3 所示的规定。

表 2-3 图纸长边加长尺寸 mm

幅面代号	长边尺寸	长边加长后的尺寸
A0	1 189	1 486(A0+1/4l)　1 783(A0+1/2l)　2 080(A0+3/4l)　2 378(A0+l)
A1	841	1 051(A1+1/4l)　1 261(A1+1/2l)　1 471(A1+3/4l)　1 682(A1+l)　1 892(A1+5/4l)　2 102(A1+3/2l)
A2	594	743(A2+1/4l)　891(A2+1/2l)　1 041(A2+3/4l)　1 189(A2+l)　1 338(A2+5/4l)　1 486(A2+3/2l)　1 635(A2+7/4l)　1 783(A2+2l)　1 932(A2+9/4l)　2 080(A2+5/2l)
A3	420	630(A3+1/2l)　841(A3+l)　1 051(A3+3/2l)　1 261(A3+2l)　1 471(A3+5/2l)　1 682(A3+3l)　1 892(A3+7/2l)

注：有特殊需要的图纸，可采用 $b×l$ 为 841 mm×891 mm 与 1 189 mm×1 261 mm 的幅面。

2. 标题栏

图纸中应有标题栏、图框线、幅面线、装订边线和对中标志。标题栏应符合图 2-23～图 2-26 所示的规定，根据工程的需要选择确定其尺寸、格式及分区。会签栏应包括实名列和签名列，如图 2-27 所示，并应符合下列规定：

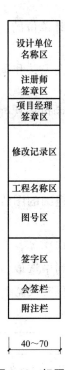

设计单位
名称区
注册师
签章区
项目经理
签章区
修改记录区
工程名称区
图号区
签字区
会签栏
附注栏
40～70

图 2-23　标题栏（一）

30～50
设计单位
名称区
注册师
签章区
项目经理
签章区
修改
记录区
工程
名称区
图号区
签字区
会签栏
附注栏

图 2-24　标题栏（二）

设计单位
名称区
工程名称区
图名区
签字区
图号区
30(40)
240

图 2-25　标题栏（三）

设计单位名称区
签字区
工程名称区
图名区
图号区
30(40)
200

图 2-26　标题栏（四）

（专业）
（实名）
（签名）
（日期）
5
5
5
5
20
25
25
25
25
100

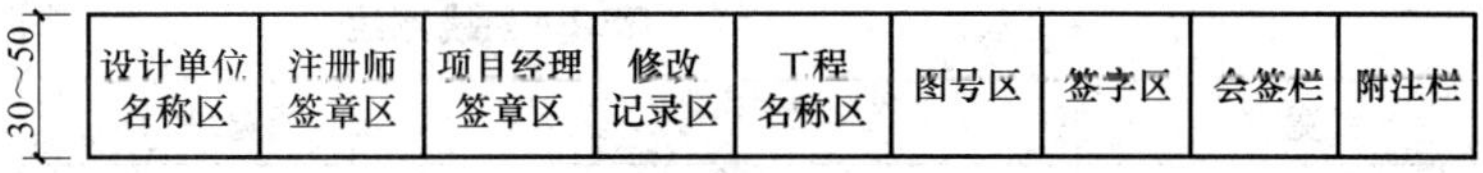

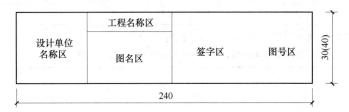

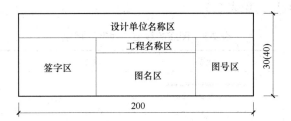

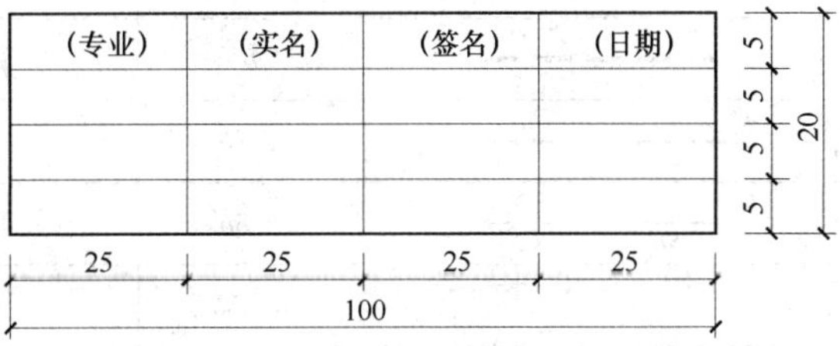

图 2-27　会签栏

(1)涉外工程的标题栏内，各项主要内容的中文下方应附有译文，设计单位的上方或左方，应加"中华人民共和国"字样。

(2)在计算机辅助制图文件中使用电子签名与认证时，应符合《中华人民共和国电子签名法》的有关规定。

(3)当由两个上的设计单位合作设计同一个工程时，设计单位名称区中可依次列出设计单位名称。

二、图线

图线即画在图上的线条。在绘制工程图时，多采用不同线型和不同粗细的图线来表示不同的意义和用途。

1. 线宽组

图线的宽度 b，宜从 1.4 mm、1.0 mm、0.7 mm、0.5 mm 线宽系列中选取。每个图样，应根据复杂程度与比例大小，先选定基本线宽 b，再选用表 2-4 中相应的线宽组。

表 2-4　线宽组　　　　　　　　　　　　　　mm

线宽	线宽组			
b	1.4	1.0	0.7	0.5
$0.7b$	1.0	0.7	0.5	0.35
$0.5b$	0.7	0.5	0.35	0.25
$0.25b$	0.35	0.25	0.18	0.13

注：1. 需要微缩的图纸，不宜采用 0.18 mm 及更细的线宽。

　　2. 同一张图纸内，各不同线宽中的细线，可统一采用较细的线宽组的细线。

2. 线型

为了使图样主次分明、形象清晰，工程建设制图采用的线型有实线、虚线、单点长画线、双点长画线、折断线和波浪线六种，其中，有的线型还分粗、中粗、中、细四种线宽。各种线型的规定及一般用途见表 2-5。

表 2-5　图线的线型、线宽及用途

名称		线型	线宽	用途
实线	粗	———————	b	主要可见轮廓线
	中粗	———————	$0.7b$	可见轮廓线、变更云线
	中	———————	$0.5b$	可见轮廓线、尺寸线
	细	———————	$0.25b$	图例填充线、家具线
虚线	粗	— — — — —	b	见各有关专业制图标准
	中粗	— — — — —	$0.7b$	不可见轮廓线
	中	— — — — —	$0.5b$	不可见轮廓线、图例线
	细	— — — — —	$0.25b$	图例填充线、家具线

名称		线型	线宽	用途
单点 长画线	粗		b	见各有关专业制图标准
	中		$0.5b$	见各有关专业制图标准
	细		$0.25b$	中心线、对称线、轴线等
双点 长画线	粗		b	见各有关专业制图标准
	中		$0.5b$	见各有关专业制图标准
	细		$0.25b$	假想轮廓线、成型前原始轮廓线
折断线	细		$0.25b$	断开界线
波浪线	细		$0.25b$	断开界线

3. 图线绘制要求

(1)在同一张图纸内，相同比例的图样应选用相同的线宽组，同类线应粗细一致。图框线、标题栏线的宽度要求见表2-6。

表2-6　图框线、标题栏线的宽度要求　　　　　　　　　　　mm

幅面代号	图框线	标题栏外框线对中标志	标题栏分格线幅面线
A0、A1	b	$0.5b$	$0.25b$
A2、A3、A4	b	$0.7b$	$0.35b$

(2)相互平行的图例线，其净间隙或线中间隙不宜小于0.2 mm。

(3)虚线、单点长画线或双点长画线的线段长度和间隔宜各自相等。其中，虚线的线段长为3~6 mm，间隔为0.5~1 mm；单点长画线或双点长画线的线段长为10~30 mm，间隔为2~3 mm。

(4)单点长画线或双点长画线，当在较小图形中绘制有困难时，可用实线代替。

(5)单点长画线或双点长画线的两端不应是点。点画线与点画线交接或点画线与其他图线交接时，应是线段交接，如图2-28(a)所示。

(6)虚线与虚线交接或虚线与其他图线交接时，应是线段交接，如图2-28(b)所示。虚线为实线的延长线时，不得与实线相接。

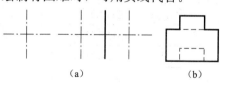

图2-28　图线交接的正确画法
(a)点画线交接；(b)虚线与其他图线交接

(7)图线不得与文字、数字或符号重叠、混淆。不可避免时，应首先保证文字、数字等清晰。

三、字体

用图线绘成图样后，必须用文字及数字加以注释，从而标明其大小尺寸、有关材料、构造做法、施工要点及标题。这些字体的书写必须做到笔画清晰、字体端正、排列整齐，标点符号应清楚正确。

1. 汉字

(1)文字的字高应从表 2-7 中选用。字高大于 10 mm 的文字宜采用 Truetype 字体，当需书写更大的字时，其高度应按 $\sqrt{2}$ 的倍数递增。

表 2-7　文字的字高　　　　　　　　　　　　　　　　　　　　mm

字体种类	汉字矢量字体	Truetype 字体及非汉字矢量字体
字高	3.5、5、7、10、14、20	3、4、6、8、10、14、20

(2)图样及说明中的汉字，宜优先采用 Truetype 字体中的宋体字型，采用矢量字体时应为长仿宋体字型，同一图中纸字体种类不应超过两种。长仿宋体字的高宽关系应符合表 2-8 所示的规定，黑体字的宽度与高度应相同。大标题、图册封面、地形图等中的汉字，也可书写成其他字体，但应易于辨认。

表 2-8　长仿宋体字的高宽关系　　　　　　　　　　　　　　mm

字高	20	14	10	7	5	3.5
字宽	14	10	7	5	3.5	2.5

(3)汉字的简化字书写应符合国家有关汉字简化方案的规定。

2. 字母及数字

(1)图样及说明中的字母、数字，宜优先采用 Truetype 字体中的 Roman 字型。书写规则应符合表 2-9 所示的规定。

表 2-9　字母及数字的书写规则

书写格式	一般字体	窄字体
大写字母高度	h	h
小写字母高度(上、下均无延伸)	$7/10h$	$10/14h$
小写字母伸出的头部或尾部	$3/10h$	$4/14h$
笔画宽度	$1/10h$	$1/14h$
字母间距	$2/10h$	$2/14h$
上、下行基准线的最小间距	$15/10h$	$21/14h$
词间距	$6/10h$	$6/14h$

(2)字母及数字，当需写成斜体字时，其斜度应是从字的底线逆时针向上倾斜 75°。斜体字的高度与宽度应与相应的直体字相等。

(3)字母与数字的字高不应小于 2.5 mm。

(4)数量的数值注写，应采用正体阿拉伯数字。各种计量单位凡前面有量值的，均应采用国家颁布的单位符号注写，单位符号应采用正体字母。

(5)分数、百分数和比例数的注写，应采用阿拉伯数字和数字符号。例如，四分之三、百分之二十五和一比二十应分别写成 3/4、25％和 1∶20。

(6)当注写的数字小于 1 时，必须写出个位的"0"，小数点应采用圆点，齐基准线书写，如 0.01。

四、尺寸标注

1. 尺寸界线、尺寸线及尺寸起止符号

(1)图样上的尺寸，应包括尺寸界线、尺寸线、尺寸起止符号和尺寸数字(图 2-29)。

(2)尺寸界线应用细实线绘制，与被注长度垂直，其一端离开图样轮廓线不应小于 2 mm，另一端宜超出尺寸线 2～3 mm。图样轮廓线可用作尺寸界线(图 2-30)。

(3)尺寸线应用细实线绘制，与被注长度平行。图样本身的任何图线均不得用作尺寸线。

(4)尺寸起止符号用中粗斜短线绘制，其倾斜方向应与尺寸界线呈顺时针 45°角，长度宜为 2～3 mm。半径、直径、角度与弧长的尺寸起止符号宜用箭头表示(图 2-31)。

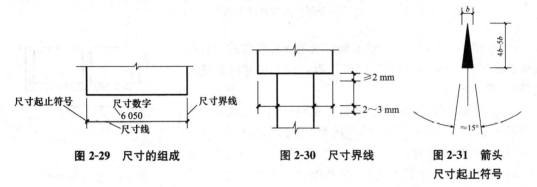

图 2-29 尺寸的组成　　　图 2-30 尺寸界线　　　图 2-31 箭头尺寸起止符号

2. 尺寸数字

(1)图样上的尺寸，应以尺寸数字为准，不应从图上直接量取。

(2)图样上的尺寸单位，除标高及总平面以 m 为单位外，其他必须以 mm 为单位。

(3)尺寸数字的方向，应按图 2-32(a)所示的规定注写。若尺寸数字在 30°斜线区内，也可按图 2-32(b)所示的形式注写。

(4)尺寸数字应依据其方向注写在靠近尺寸线的上方中部。如没有足够的注写位置，最外边的尺寸数字可注写在尺寸界线的外侧，中间相邻的尺寸数字可上下错开注写，引出线表示标注尺寸的位置(图 2-33)。

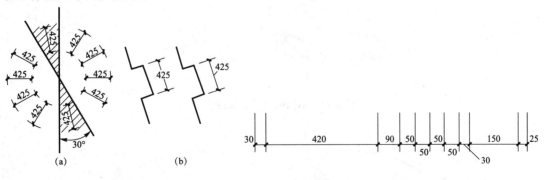

图 2-32 尺寸数字的注写方向　　　图 2-33 尺寸数字的注写位置

3. 尺寸的排列与布置

(1)尺寸宜标注在图样轮廓以外，不宜与图线、文字及符号等相交(图 2-34)。

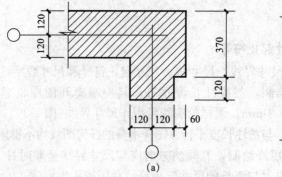
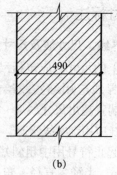

图 2-34　尺寸数字的注写

（2）互相平行的尺寸线，应从被注写的图样轮廓线由近向远整齐排列，较小尺寸应离轮廓线较近，较大尺寸应离轮廓线较远（图 2-35）。

（3）图样轮廓线以外的尺寸界线，距图样最外轮廓之间的距离不宜小于 10 mm。平行排列的尺寸线的间距宜为 7～10 mm，并应保持一致。

（4）总尺寸的尺寸界线应靠近所指部位，中间的分尺寸的尺寸界线可稍短，但其长度应相等。

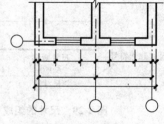

图 2-35　尺寸的排列

4. 半径、直径、球的尺寸标注

（1）半径的尺寸线一端从圆心开始，另一端两箭头指向圆弧。半径数字前应加注半径符号"R"（图 2-36）。

（2）较小圆弧的半径，可按图 2-37 所示形式标注。

（3）较大圆弧的半径，可按图 2-38 所示形式标注。

图 2-36　半径的标注方法

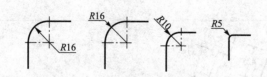

图 2-37　小圆弧半径的标注方法

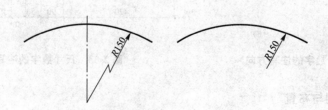

图 2-38　大圆弧半径的标注方法

(4)标注圆的直径尺寸时，直径数字前应加直径符号"φ"。在圆内标注的尺寸线应通过圆心，两端画箭头指至圆弧(图2-39)。

(5)较小圆的直径尺寸，可标注在圆外(图2-40)。

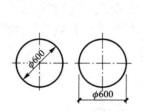

图 2-39　圆直径的标注方法

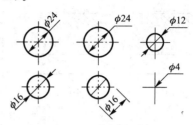

图 2-40　小圆直径的标注方法

(6)标注球的半径尺寸时，应在尺寸前加注符号"SR"。标注球的直径尺寸时，应在尺寸数字前加注符号"Sφ"。注写方法与圆弧半径和圆直径的尺寸标注方法相同。

5. 角度、弧度、弧长的尺寸标注

(1)角度的尺寸线应以圆弧表示。该圆弧的圆心应是该角的顶点，角的两条边为尺寸界线。起止符号应以箭头表示，如没有足够位置画箭头，可用圆点代替，角度数字应沿尺寸线方向注写(图2-41)。

(2)标注圆弧的弧长时，尺寸线应以与该圆弧同心的圆弧线表示，尺寸界线应指向圆心，起止符号用箭头表示，弧长数字上方或前方应加注圆弧符号"⌒"(图2-42)。

(3)标注圆弧的弦长时，尺寸线应以平行于该弦的直线表示，尺寸界线应垂直于该弦，起止符号用中粗斜短线表示(图2-43)。

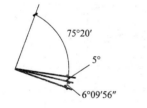

图 2-41　角度的标注方法

图 2-42　弧长的标注方法

图 2-43　弦长的标注方法

6. 薄板厚度、正方形、坡度、非圆曲线等的尺寸标注

(1)在薄板板面标注板厚尺寸时，应在厚度数字前加厚度符号"t"(图2-44)。

(2)在标注正方形的尺寸时，可用"边长×边长"的形式，也可在边长数字前加正方形符号"□"(图2-45)。

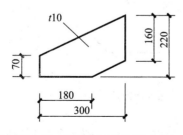

图 2-44　薄板厚度的标注方法

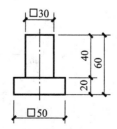

图 2-45　正方形的标注方法

(3)在标注坡度时，应加注坡度符号"←"或"←"[图 2-46(a)、(b)]，箭头应指向下坡方向[图 2-46(c)、(d)]。坡度也可用直角三角形的形式标注[图 2-46(e)、(f)]。

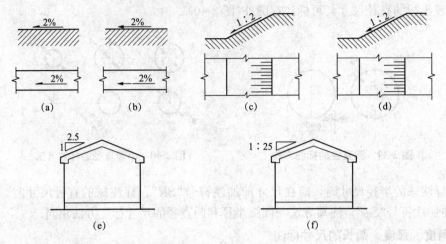

图 2-46　坡度的标注方法

(4)外形为非圆曲线的构件，可用坐标法标注尺寸(图 2-47)。

(5)复杂的图形，可用网格法标注尺寸(图 2-48)。

7. 尺寸的简化标注

(1)杆件或管线的长度，在单线图(桁架简图、钢筋简图、管线简图)上，可直接将尺寸数字沿杆件或管线的一侧注写(图 2-49)。

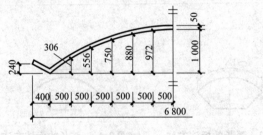

图 2-47　用坐标法标注曲线尺寸

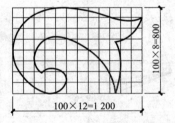

图 2-48　用网格法标注曲线尺寸

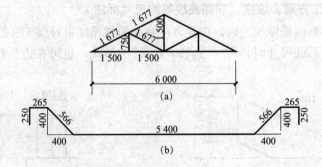

图 2-49　单线图尺寸简化标注方法

(2)连续排列的等长尺寸，可用"等长尺寸×个数＝总长"[图 2-50(a)]或"总长(等分个数)"[图 2-50(b)]的形式标注。

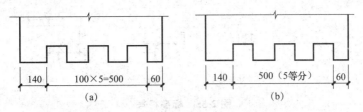

图 2-50　等长尺寸简化标注方法

(3)构配件内的构造因素(如孔、槽等)如相同,可仅标注其中一个要素的尺寸(图 2-51)。

(4)对称构配件采用对称省略画法时,该对称构配件的尺寸线应略超过对称符号,仅在尺寸线的一端画尺寸起止符号,尺寸数字应按整体全尺寸注写,其注写位置宜与对称符号对齐(图 2-52)。

(5)两个构配件,如个别尺寸数字不同,可在同一图样中将其中一个构配件的不同尺寸数字注写在括号内,该构配件的名称也应注写在相应的括号内(图 2-53)。

(6)数个构配件,如仅某些尺寸不同,这些有变化的尺寸数字,可用拉丁字母注写在同一图样中,另列表格写明其具体尺寸(图 2-54)。

8. 标高

(1)标高符号应以等腰直角三角形表示,按图 2-55(a)所示形式用细实线绘制,当标注位置不够时,也可按图 2-55(b)所示形式绘制。标高符号的具体画法应符合图 2-55(c)、(d)所示的规定。

图 2-51　相同要素
尺寸简化标注方法

图 2-52　对称构件
尺寸简化标注方法

图 2-53　相似构配件
尺寸简化标注方法

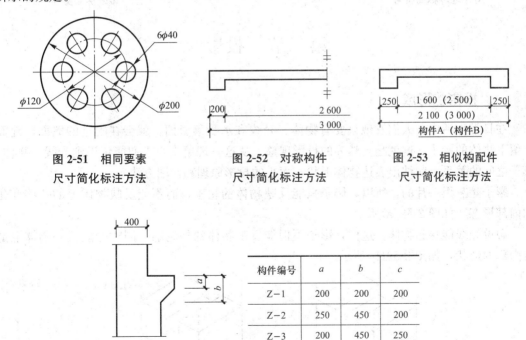

构件编号	a	b	c
Z-1	200	200	200
Z-2	250	450	200
Z-3	200	450	250

图 2-54　相似构配件尺寸表格式标注方法

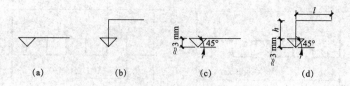

图 2-55　标高符号

l—取适当长度注写标高数字；*h*—根据需要取适当高度

　　(2)总平面图室外地坪标高符号，宜用涂黑的三角形表示，具体画法应符合图 2-56 所示的规定。

　　(3)标高符号的尖端应指至被注高度的位置。尖端宜向下，也可向上。标高数字应注写在标高符号的上侧或下侧(图 2-57)。

　　(4)标高数字应以 m 为单位，注写到小数点后第三位。在总平面图中，可注写到小数点以后第二位。

　　(5)零点标高应注写成±0.000，正数标高不注"＋"，负数标高应注"－"，例如 3.000、－0.600。

　　(6)在图样的同一位置需表示几个不同标高时，标高数字可按图 2-58 所示的形式注写。

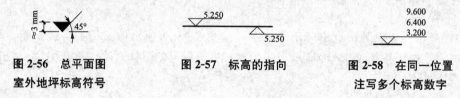

图 2-56　总平面图室外地坪标高符号　　**图 2-57　标高的指向**　　**图 2-58　在同一位置注写多个标高数字**

第三节　投　影

一、投影的形成

　　在日常生活中，人们发现只要有物体、光线和承受落影面，就会在附近的墙面、地面上留下物体的影子，这就是自然界的投影现象。从这一现象中，人们能认识到光线、物体、影子之间的关系，归纳出表达物体形状、大小的投影原理和作图方法。

　　影子是灰黑一片的，所以，影子只能反映物体的轮廓，而不能反映物体上的一些变化和内部形态，如图 2-59(a)所示。

　　假设光线能穿透物体，这样，影子不但能反映物体的外轮廓，同时也能反映物体上部或内部的形状，如图 2-59(b)所示。

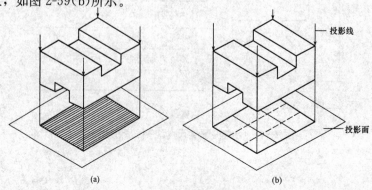

图 2-59　影与投影

在制图中，发出光线的光源称为投影中心，光线称为投影线，光线的射向称为投影方向，落影的平面称为投影面。构成影子的内、外轮廓称为投影。用投影表达物体形状和大小的方法称为投影法，用投影法画出物体的图形称为投影图。

二、投影法的分类

投影法分为两类，即中心投影法和平行投影法。

1. 中心投影法

投射线相交于一点时（相当于灯泡发出的光线）为中心投影法，所得投影称为中心投影，如图 2-60 所示。

2. 平行投影法

投射线互相平行时（相当于太阳发出的光线）为平行投影法，所得投影称为平行投影，如图 2-61 所示。

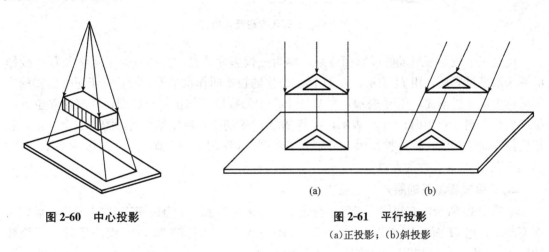

图 2-60　中心投影

图 2-61　平行投影
(a)正投影；(b)斜投影

平行投影法又分为以下两种：

（1）投射线与投影面垂直时为正投影法，所得投影称为正投影，如图 2-61（a）所示。

（2）投射线与投影面倾斜时为斜投影法，所得投影称为斜投影，如图 2-61（b）所示。

三、正投影的基本规律

对于普通平面体来说，共有 6 个平面：2 个正平面、2 个水平面、2 个侧平面。为了正确反映形体的形状、大小和空间位置情况，通常需用三个互相垂直的投影图来反映其投影。

1. 正投影的设置

将物体放在三个相互垂直的投影面之间，用三组分别垂直于三个投影面的平行投射线投影，就能得到这个物体三个面的正投影图，如图 2-62 所示。将三个正投影图结合起来就能反映一般物体的全部形状和大小。

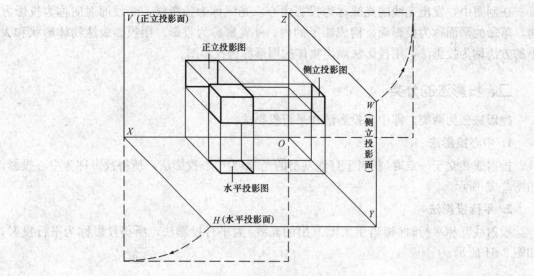

图 2-62 三面正投影及其展开

由这三个投影面组成的投影面体系，称为三投影面体系。其中，处于水平位置的投影面称为水平投影面，用 H 表示，在 H 面上产生的投影叫作水平投影图；处于正立位置的投影面称为正立投影面，用 V 表示，在 V 面上产生的投影叫作正立投影图；处于侧立位置的投影面称为侧立投影面，用 W 表示，在 W 面上产生的投影叫作侧立投影图。三个互相垂直相交投影面的交线，称为投影轴，分别是 OX 轴、OY 轴、OZ 轴，三个投影轴 OX、OY、OZ 相交于一点 O，称为原点。

2. 三面投影体系的展开

如图 2-63 所示，有物体位于第一分角。将物体向 V 面、H 面、W 面作正投影，假定 V 面不动，并把 H 面和 W 面沿 Y 轴分开，H 面绕 X 轴向下旋转 $90°$，W 面绕 Z 轴向后旋转 $90°$，使 H 面、V 面和 W 面处在同一平面上。

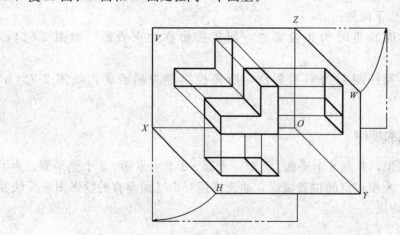

图 2-63 三面投影体系的形成及其展开

三个投影面展开后，三条投影轴成了两条垂直相交的直线，原 OX 轴、OZ 轴位置不变，原 OY 轴则分成 OY_H 和 OY_W 两条轴线（图 2-64）。实际作图时，不必画投影面的边框线。

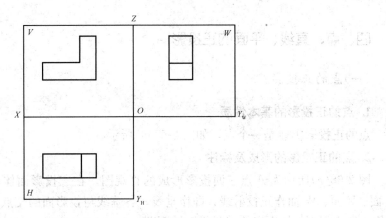

图 2-64　三面投影图

3. 三面投影图的特性

若在三面投影体系中，定义形体上平行于 X 轴的尺度为"长"，平行于 Y 轴的尺度为"宽"，平行于 Z 轴的尺度为"高"，则形体三面投影图的特性可叙述为：

(1)长对正——V 面投影和 H 面投影的对应长度相等，画图时要对正；

(2)高平齐——V 面投影和 W 面投影的对应高度相等，画图时要平齐；

(3)宽相等——H 面投影和 W 面投影的对应宽度相等。

此即"三等关系"。

注意："三等关系"不仅适用于物体总的轮廓，也适用于物体的局部细节，如图 2-65 所示。

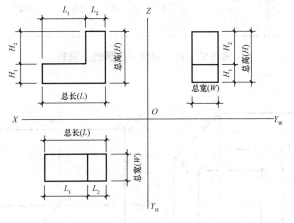

图 2-65　长、宽、高的确定及"三等关系"

4. 形体的六个方位

不仅可以从物体的三面投影图中得到其各部分的大小，还可以知道其各部分的相互位置关系。例如，按照图 2-66 所定义的前、后、左、右、上、下的关系，可知图 2-63 所示的"L"体，其竖向板右横向板的上方，并且两者的右表面共面。

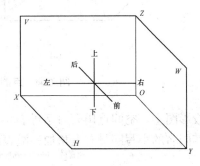

图 2-66　方向的确定

四、点、直线、平面的正投影

(一)点的正投影

1. 点的正投影的基本性质

点的正投影仍然是一个点，如图 2-67(a)所示。

2. 点的正投影的形成及标注

图 2-68(a)所示为 A 点三面投影形成的直观图。在三投影面体系中，经过 A 点分别向 H 面、V 面、W 面作正投射线，即作垂线，各垂线与投影面的交点即 A 点在三投影面上的投影。图 2-68(b)为 A 点的三面投影展开图。

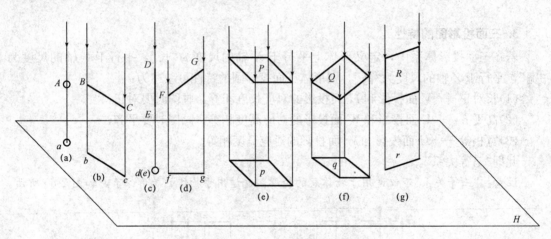

图 2-67　点、直线、平面的正投影

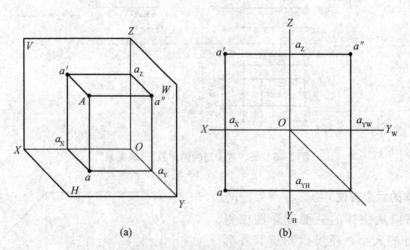

图 2-68　点的三面投影的形成及标注

在投影图中，空间点用大写字母表示，H 面投影用与其同名的小写字母表示，V 面投影用与其同名的小写字母右上角加一撇表示，W 面投影用与其同名的小写字母右上角加两撇表示。

3. 点的正投影规律

图 2-69 所示为空间点 A 在三面投影体系中的投影，即过 A 点向 H 面、V 面、W 面作垂线(称为投影连系线)，所交的点 a、a'、a'' 就是空间点 A 在三个投影面上的投影。从图中可以看出，由投影线 Aa、Aa' 构成的平面 P $(Aa'a_Xa)$ 与 OX 轴相交于 a_X，因 $P \perp V$、$P \perp H$，即 P、V、H 三面互相垂直，由立体几何知识可知，此三平面两两的交线互相垂直，即 $a'a_X \perp OX$、$aa_X \perp OX$、$a'a_X \perp aa_X$，故 P 为矩形。当 H 面旋转至与 V 面重合时，a_X 不动，且 $aa_X \perp OX$ 的关系不变，则 a'、a_X、a 三点共线，即 $a'a \perp OX$。

同理，可得到 $a'a'' \perp OZ$，$aa_{YH} \perp OY_H$，$a''a_{YW} \perp OY_W$。从中可以得出：

$a'a_X = a_ZO = a''a_{YW} = Aa$，反映 A 点到 H 面的距离；

$aa_X = a_{YH}O = a_{YW}O = a''a_Z = Aa'$，反映 A 点到 V 面的距离；

$a'a_Z = a_XO = aa_{YH} = Aa''$，反映 A 点到 W 面的距离。

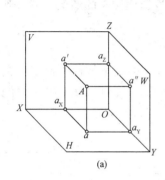 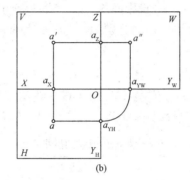 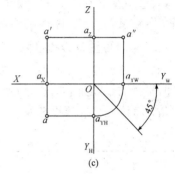

图 2-69 点的三面投影图

(a)直观图；(b)展开图；(c)投影图

从上面的分析中，可以得出点在三面投影体系中的投影规律：

(1)点的水平投影和正面投影的连线垂直于 OX 轴，即 $aa' \perp OX$；

(2)点的正面投影和侧面投影的连线垂直于 OZ 轴，即 $a'a'' \perp OZ$；

(3)点的水平投影到 X 轴的距离等于点的侧面投影到 Z 轴的距离，即 $aa_X = a''a_Z$。

以上三条投影规律，就是被称为"长对正、高平齐、宽相等"的"三等关系"。它说明，在点的三面投影图中，每两个投影都有一定的联系性。只要给出点的任何两面投影，就可以求出第三个投影。

(二)直线的正投影

1. 直线的正投影的基本性质

(1)直线平行于投影面时，其投影仍然为一条直线，且与空间直线等长(全等性)[图 2-67(b)]。

(2)直线倾斜于投影面时，其投影仍然为一条直线，但比空间直线短(类似性)[图 2-67(d)]。

(3)直线垂直于投影面时，其投影积聚为一点(积聚性)[图 2-67(c)]。

2. 直线相对于投影面的位置

按直线与三个投影面之间的相对位置，可将直线分为三类：投影面平行线、投影面垂直线、一般位置直线。前两类统称为特殊位置直线。

(1)投影面平行线——平行于一个投影面而倾斜于另外两个投影面的直线。投影面平行线可分为以下三种:

水平线——平行于 H 面,倾斜于 V 面和 W 面;

正平线——平行于 V 面,倾斜于 H 面和 W 面;

侧平线——平行于 W 面,倾斜于 H 面和 V 面。

(2)投影面垂直线——垂直于一个投影面,平行于另外两个投影面的直线。投影面垂直线又分为以下三种:

铅垂线——垂直于 H 面,平行于 V 面和 W 面;

正垂线——垂直于 V 面,平行于 H 面和 W 面;

侧垂线——垂直于 W 面,平行于 H 面和 V 面。

(3)一般位置直线——倾斜于三个投影面的直线。直线有与投影面倾斜的情况,就有倾角。直线对 H、V、W 三投影面的倾斜角分别用 α、β、γ 表示。

3. 各种位置直线的投影特性

(1)投影面平行线的投影特性。由表 2-10 可知,投影面平行线的投影特性为:直线在它所平行的投影面上的投影倾斜于投影轴,反映了该直线的实长及直线对另外两投影面的倾角;直线在另外两投影面上的投影分别平行于相应的投影轴,且比实长短。

表 2-10 投影面平行线的投影特性

名称	直观图	投影图	投影特性
水平线			(1)H 面上的投影倾斜于 OX 轴和 OY 轴,反映了实长,且与 OX 轴和 OY 轴的夹角分别反映直线对 V 面和 W 面的倾角 β 和 γ。 (2)在 V 面和 W 面上的投影分别平行于 OX 轴和 OY 轴,且比实长短
正平线			(1)在 V 面上的投影倾斜于 OX 轴和 OZ 轴,反映了实长,且与 OX 轴和 OZ 轴的夹角分别反映了直线对 H 面和 W 面的倾角 α 和 γ。 (2)在 H 面和 W 面上的投影分别平行于 OX 轴和 OZ 轴,且比实长短
侧平线			(1)侧面投影反映实长。 (2)侧面投影与 Y 轴和 Z 轴的夹角分别反映直线与 H 面和 V 面的倾角 α 和 β。 (3)水平投影及正面投影分别平行于 OY 轴及 OZ 轴,但不反映实长

(2)投影面垂直线的投影特性。由表 2-11 可知，投影面垂直线的投影特性为：直线在它所垂直的投影面上的投影积聚为一点；在另两个投影面上的投影分别平行于相应的投影轴且反映实长。

表 2-11　投影面垂直线的投影特性

名称	直观图	投影图	投影特性
铅垂线			(1)在 H 面上的投影积聚为一点。 (2)在 V 面和 W 面上的投影分别垂直于 OX 轴和 OY 轴，且反映直线的实长
正垂线			(1)在 V 面上的投影积聚为一点。 (2)在 H 面和 W 面上的投影分别垂直于 OX 轴和 OZ 轴，且反映直线的实长
侧垂线			(1)在 W 面上的投影积聚为一点。 (2)在 H 面和 V 面上的投影分别垂直于 OY 轴和 OZ 轴，且反映直线的实长

(3)一般位置直线的投影特性。由表 2-12 可知，一般位置直线的投影特性为：直线在三投影面上的投影都倾斜于投影轴，都比实长短，且各投影与投影轴的夹角都不反映直线对投影面的倾角。

表 2-12　一般位置直线的投影特性

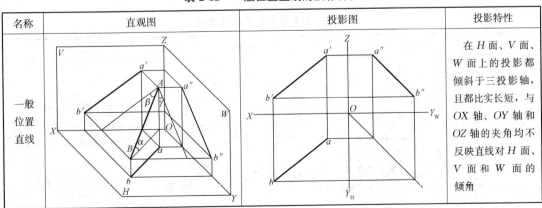

名称	直观图	投影图	投影特性
一般位置直线			在 H 面、V 面、W 面上的投影都倾斜于三投影轴，且都比实长短，与 OX 轴、OY 轴和 OZ 轴的夹角均不反映直线对 H 面、V 面和 W 面的倾角

(三)平面的正投影

1. 平面正投影的基本性质

(1)平面平行于投影面时,其投影仍然为一平面,且与空间平面全等(全等性) [图 2-67(e)]。

(2)平面倾斜于投影面时,其投影仍然为一平面,但只反映空间平面的几何形状,不反映其真实大小(类似性)[图 2-67(f)]。

(3)平面垂直于投影面时,其投影积聚为一直线(积聚性)[图 2-67(g)]。

2. 平面相对于投影面的位置

在三投影面体系中,根据平面与投影面的相对位置不同,将平面分为三类:投影面平行面、投影面垂直面、一般位置平面。相对于一般位置平面,前两类统称为特殊位置平面。

(1)投影面平行面——平行于一个投影面,垂直于另外两个投影面的平面。投影面平行面又分为以下三种:

水平面——平行于 H 面,垂直于 V 面和 W 面;

正平面——平行于 V 面,垂直于 H 面和 W 面;

侧平面——平行于 W 面,垂直于 H 面和 V 面。

(2)投影面垂直面——垂直于一个投影面,倾斜于另外两个投影面的平面。投影面垂直面又分为以下三种:

铅垂面——垂直于 H 面,倾斜于 V 面和 W 面;

正垂面——垂直于 V 面,倾斜于 H 面和 W 面;

侧垂面——垂直于 W 面,倾斜于 H 面和 V 面。

(3)一般位置平面——倾斜于三个投影面的平面。

平面有与投影面倾斜的情况,就有倾角。平面对 H、V、W 三投影面的倾角分别用 α、β、γ 表示。

3. 各种位置平面的投影特性

(1)投影面平行面的投影特性。由表 2-13 可知,投影面平行面的投影特性为:平面在它所平行的投影面上的投影反映实形;在另外两个投影面上的投影积聚成直线,且分别平行于相应的投影轴。

表 2-13 投影面平行面的投影特性

名称	直观图	投影图	投影特性
水平面	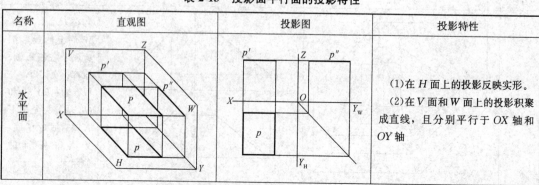		(1)在 H 面上的投影反映实形。 (2)在 V 面和 W 面上的投影积聚成直线,且分别平行于 OX 轴和 OY 轴

名称	直观图	投影图	投影特性
正平面	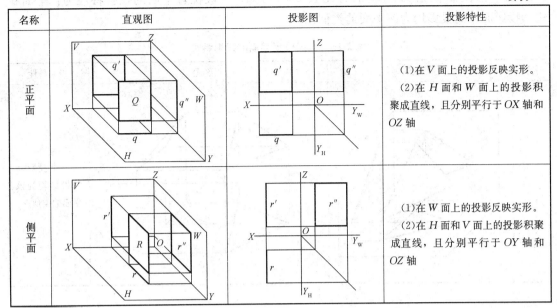		(1)在 V 面上的投影反映实形。 (2)在 H 面和 W 面上的投影积聚成直线，且分别平行于 OX 轴和 OZ 轴
侧平面			(1)在 W 面上的投影反映实形。 (2)在 H 面和 V 面上的投影积聚直线，且分别平行于 OY 轴和 OZ 轴

(2)投影面垂直面的投影特性。由表 2-14 可知，投影面垂直面的投影特性为：平面在它所垂直的投影面上的投影积聚成一条倾斜于投影轴的直线，与投影轴的夹角反映了该平面与另外两个投影面的倾角；在另外两个投影面上的投影反映了该平面的类似形。

表 2-14　投影面垂直面的投影特性

名称	直观图	投影图	投影特性
铅垂面			(1)在 H 面上的投影积聚成一条倾斜于 OX 轴和 OY 轴的直线，且与 OX 轴和 OY 轴的夹角分别反映该平面对 V 面和 W 面的倾角 β 和 γ。 (2)在 V 面和 W 面上的投影反映该平面的类似形
正垂面			(1)在 V 面上的投影积聚成一条倾斜于 OX 轴和 OZ 轴的直线，且与 OX 轴和 OZ 轴的夹角分别反映该平面对 H 面和 W 面的倾角 α 和 γ。 (2)在 H 面和 W 面上的投影反映该平面的类似形
侧垂面			(1)在 W 面上的投影积聚成一条倾斜于 OY 轴和 OZ 轴的直线，且与 OY 轴和 OZ 轴的夹角分别反映该平面对 H 面和 V 面的倾角 α 和 β。 (2)在 H 面和 V 面上的投影反映该平面的类似形

（3）一般位置平面的投影特性。由表 2-15 可知，一般位置平面的投影特性为：平面在三个投影面上的投影均为该平面的类似形。

表 2-15　一般位置平面的投影特性

名称	直观图	投影图	投影特性
一般位置平面	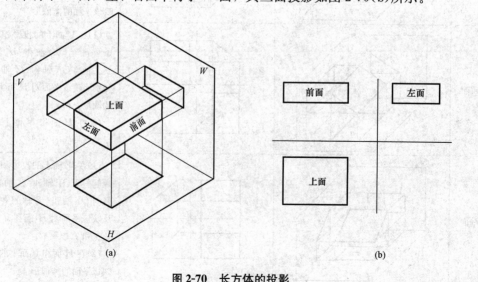		三个投影面的投影均为该平面的类似形

五、体的投影

（一）平面体的投影

平面体包括棱柱体、棱锥体和棱台体。作平面体的正投影，就是作出围成该平面体各个平面的投影。在放置时，一般使平面体的底面平行于某投影图，具体作图方法及投影特性如下。

1.棱柱体的投影

棱柱体的形体特征为侧棱相互平行，上、下表面的形状、大小均相同。以长方体为例，将长方体放置在三面正投影体系中，如图 2-70（a）所示，使长方体的前、后面平行于 V 面，上、下面平行于 H 面，左、右面平行于 W 面，其三面投影如图 2-70（b）所示。

图 2-70　长方体的投影
（a）直观图；（b）投影图

由图 2-70 可知，棱柱体的其中一个投影为多边形（是几棱柱就为几边形），另两个投影均为长方形，这就是棱柱体的三投影特性。反之，如果形体的投影具有该投影特性，便知该形体为棱柱体；多边形的投影为几边形，该棱柱体即几棱柱，且该多边形投影在哪个投影面上，该棱柱体的两底面就是平行于哪个投影面放置的。

2. 棱锥体的投影

棱锥体的形体特征为各侧棱交于一点。以五棱锥为例，将五棱锥放置在三面投影体系中，使其底面平行于 H 面，如图 2-71(a)所示，其三面投影如图 2-71(b)所示。

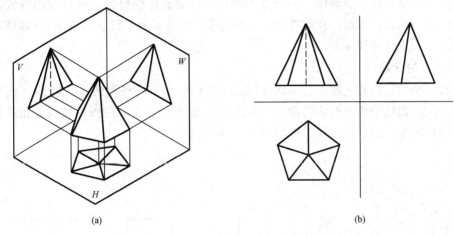

(a)   (b)

图 2-71　五棱锥的投影

(a)直观图；(b)投影图

由图 2-71 可知，棱锥体的其中一个投影为多边形，且里边有一点与多边形各顶点相连（是几棱锥就为几边形），另两个投影均为三角形，这就是棱锥体的三投影特性。反之，如果形体的投影具有该投影特性，便知该形体为棱锥形；多边形的投影为几边形，该棱锥体即几棱锥，且该多边形投影在哪个投影面上，该棱锥体的底面就是平行于哪个投影面放置的。

3. 棱台体的投影

棱台体的形体特征为上、下表面形状相同，大小不等。以四棱台为例，将四棱台放置在三面投影体系中，使其底面平行于 H 面，如图 2-72(a)所示，其三面投影如图 2-72(b)所示。

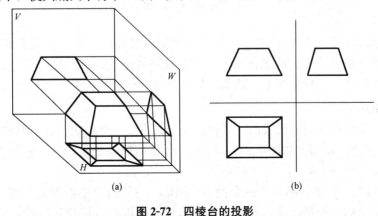

(a)   (b)

图 2-72　四棱台的投影

(a)直观图；(b)投影图

当棱台体两底面平行于某投影面放置时，其中的一个投影必为两个相似的多边形（是几棱台就为几边形），且对应顶点相连，另两个投影均为梯形，这就是棱台体的三投影特性。反之，如果形体的投影具有该投影特性，便知该形体为棱台体；多边形的投影为几边形，该棱台体即几棱台，且该多边形投影在哪个投影面上，该棱台体的底面就是平行于哪个投影面放置的。

（二）曲面体的投影

曲面体包括圆柱体、圆锥体、圆台体和球体。作曲面体的投影，就是作出围成该曲面体的各个平面或曲面的投影。在放置时，一般将曲面体的底面平行于某投影面（球体除外），具体作图方法及投影特性如下。

1. 圆柱体的投影

圆柱体是由圆柱面和上底面、下底面围成的。圆柱面是一条直线（母线）绕一条与其平行的直线（轴线）回转一周所形成的曲面。如图 2-73（a）所示，直立的圆柱轴线是铅垂线，上底面、下底面是水平面，其三面投影如图 2-73（b）所示。

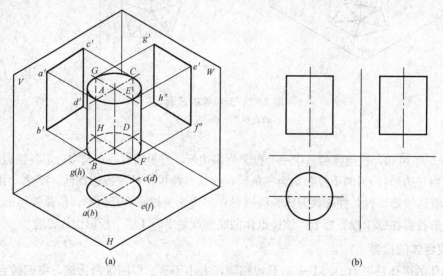

图 2-73 圆柱体的投影

(a)直观图；(b)投影图

由图 2-73 可知，圆柱体的其中一个投影为圆形，另外两个投影为大小相等的长方形，这就是圆柱体的三投影特性。反之，如果形体的投影具有该投影特性，便知该形体为圆柱体，且圆形的投影在哪个投影面上，该圆柱体的两底面就是平行于哪个投影面放置的。

2. 圆锥体的投影

圆锥体是由圆锥面和底面围成的。圆锥面是一条直线（母线）绕一条与其相交的直线（轴线）回转一周所形成的曲面。如图 2-74（a）所示，圆锥的轴线是铅垂线，底面是水平面，其三面投影如图 2-74（b）所示。

由图 2-74 可知，圆锥体的其中一个投影为圆形，另外两个投影为大小相等的等腰三角形，这就是圆锥体的三投影特性。反之，如果形体的投影具有该投影特性，便知该形体为圆锥体，且圆形的投影在哪个投影面上，该圆锥体的底面就是平行于哪个投影面放置的。

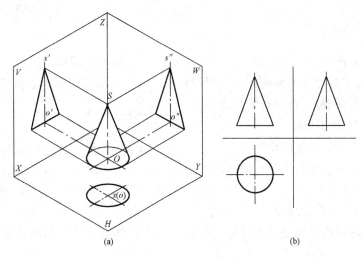

图 2-74　圆锥体的投影

(a)直观图；(b)投影图

3. 圆台体的投影

当圆台体两底面平行于某投影面放置时，其中的一个投影必为两个同心圆，另外两个投影均为大小相等的等腰梯形，这就是圆台体的三投影特性。反之，如果形体的投影具有该投影特性，便知该形体为圆台体，且两个同心圆的投影在哪个投影面上，该圆台体的底面就是平行于哪个投影面放置的。

4. 球体的投影

球体是由球面围成的，球面是圆(母线)绕其一条直径(轴线)回转一周形成的曲面。如图 2-75(a)所示，在三面投影体系中有一个球，其三个投影为三个直径相等的圆，如图 2-75(b)所示。

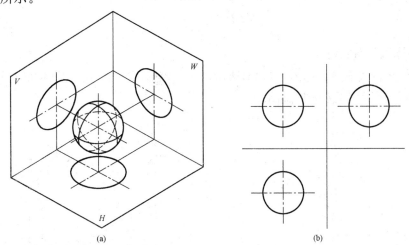

图 2-75　球体的投影

(a)直观图；(b)投影图

由图 2-75 可知，球体的三面投影为大小相等的圆。反之，如果形体的投影具有该投影特性，便知该形体必为球体。

（三）组合体的投影

组合体是由上述基本形体按照一定方式组合而成的形体。其具体组成方式主要有叠加型（由若干基本形体叠加或堆砌而成）、切割型（由一个基本形体切割而成）、混合型（由基本形体既叠加又切割而成）三种。

1. 组合体投影图的画法

作组合体投影图，就是画出构成它的若干基本形体的投影。先进行形体分析，然后动手作图。还要注意组合体在三投影面体系中所放的位置，一般应考虑以下几点：

（1）使形体的主要面，或者使形状复杂而又反映形体特征的面平行于 V 面；

（2）使作出的投影图虚线少、图形清楚。

同时，还要注意组合体是一个整体，作图时基本形体相互叠合后的轮廓线是否存在要具体分析，如图 2-76 所示。

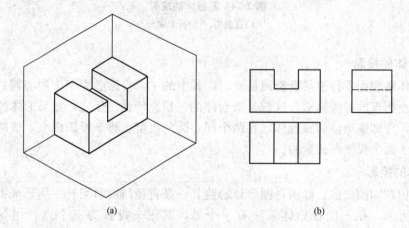

(a)　　　　　　　　　　　(b)

图 2-76　组合体的投影

(a)直观图；(b)投影图

2. 组合体投影图的识读

根据已作出的投影图，如图 2-77(a)所示，运用投影原理和方法，想象出空间物体的形状，图 2-77(b)所示为组合体投影图。

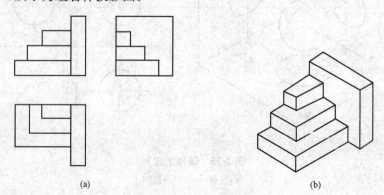

(a)　　　　　　　　　　　(b)

图 2-77　组合体投影图的识读

(a)直观图；(b)投影图

组合体投影图识读的方法有如下两种：

（1）形体分析法。把组合体看成由若干个基本形体组合而成的方法称为形体分析法。在分析组合体投影图时，根据基本形体的投影特点，首先将组合体的投影图分成若干个基本形体的投影图，然后分析每一个基本形体的投影图，看该基本形体是什么样的基本形体，最后根据各个基本形体之间的组合位置关系综合想象出整个组合体的形状。

（2）线面分析法。把组合体看成由若干条线和若干个面所围成的方法称为线面分析法。在分析组合体投影图时，根据线和面的投影特点，首先将组合体的投影分成若干条线和若干个面的投影，然后分析这些线和面的投影，看这些线和面分别是什么形状，在空间中处于什么位置，以及它们之间的相互关系，最后综合想象出整个形体的形状。

这两种分析法常以形体分析法为主，以线面分析法为辅。

六、轴测投影

（一）轴测投影的形成

轴测投影也属于平行投影的一种，它是用一组平行投影线按某一特定方向，将形体连同确定其长、宽、高的三个坐标轴一起投影到一个投影面上所形成的，如图 2-78 所示。

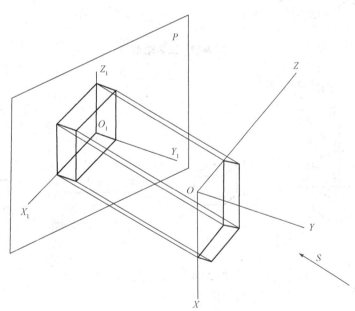

图 2-78　轴测投影的形成

（二）轴测投影的基本术语

（1）轴测投影轴。空间投影轴 OX、OY 和 OZ 在轴测投影面上的投影 O_1X_1、O_1Y_1 和 O_1Z_1 称为轴测投影轴。

(2)轴间角。轴测投影轴之间的夹角称为轴间角。

(3)轴向变形系数。轴测投影轴的长度与空间投影轴长度的比值用 p、q、r 表示，即

$$p=\frac{O_1X_1}{OX};\quad q=\frac{O_1Y_1}{OY};\quad r=\frac{O_1Z_1}{OZ}$$

(三)轴测投影的基本特性

(1)直线的轴测投影仍是直线。

(2)空间平行直线的轴测投影仍平行。

(3)与坐标轴平行的直线，其轴测投影仍平行于相应的轴测投影轴，且伸缩系数与相平行轴的伸缩系数相同。

(四)轴测投影的种类

轴测投影的种类很多，常见的如下：

(1)正等轴测，如图 2-79 所示。

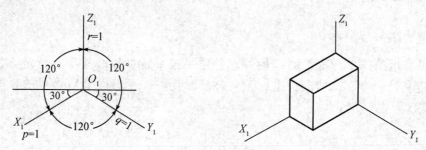

图 2-79 正等轴测

(2)斜二轴测，如图 2-80 所示。

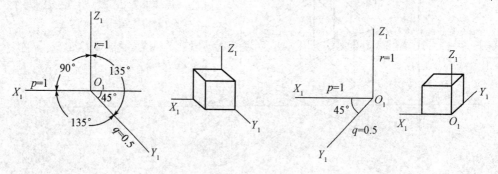

图 2-80 斜二轴测

(五)轴测投影的画法

1. 正等测图的画法

根据四坡顶房屋的正投影图，求作它的正等测图。

图 2-81(a)所示的四坡顶房屋可分解为上、下两个部分，即下部的四棱柱(墙身)和上部具有倾斜表面的屋顶。对此类物体，常采用坐标法作图，具体步骤如下：

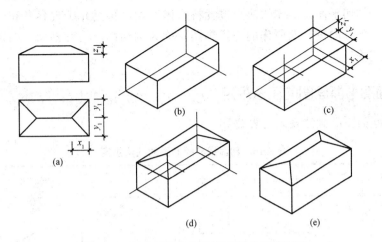

图 2-81　用坐标法作四坡顶房屋的正等测图

（1）画轴测投影轴，先作出下部四棱柱的轴测图［图 2-81(b)］。

（2）在四棱柱的上表面，沿轴向分别量取 x_1 和 y_1，得交点，过交点作垂线，在垂线上量取 z_1［图 2-81(c)］。

（3）连接中央屋脊线和四条斜脊线［图 2-81(d)］。

（4）擦去多余的图线和轴测投影轴，加深图线即得四坡顶房屋的正等测图［图 2-81(e)］。

2. 斜二测图的画法

根据台阶的正投影图，求作它的斜二测图，具体步骤如图 2-82 所示。

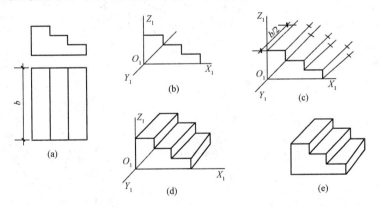

图 2-82　用叠加法作台阶的斜二测图

第四节　剖面图与断面图

　　形体的三面正投影图只反映了形体外形可见部分的轮廓线，虽然被遮挡的轮廓线可以用虚线来表示，但如果遇到内部形状比较复杂的形体，就会在投影图中出现许多虚线，使图中虚线、实线交错，不易识读，又不便于标注尺寸。为了解决这个问题，工程中常用剖面图或断面图来清楚地表示形体的内部构造。

假想用一个剖切平面在形体的适当位置将形体剖切，移去介于观察者和剖切平面之间的部分，对剩余部分向投影面所作的正投影图，称为剖切面，简称剖面。剖切面通常为投影面的平行面或垂直面。

一、剖面图与断面图的画法规定

剖面图与断面图的画法规定见表 2-16。

表 2-16　剖面图与断面图的画法规定

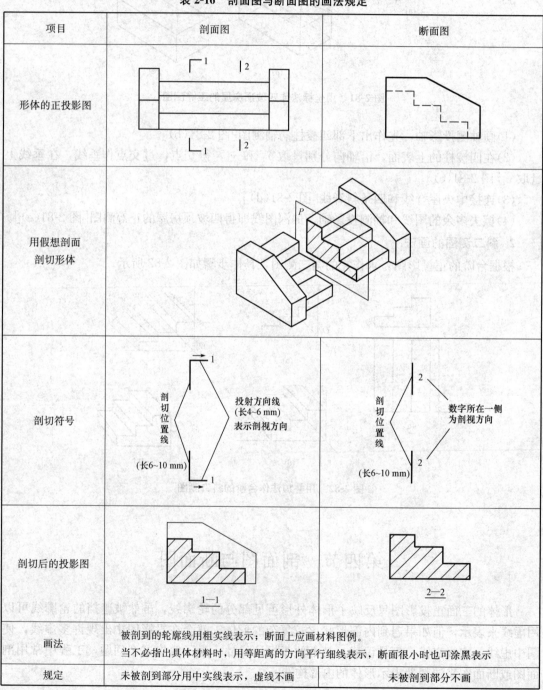

项目	剖面图	断面图
形体的正投影图		
用假想剖面剖切形体		
剖切符号	剖切位置线（长6~10 mm）　投射方向线（长4~6 mm）表示剖视方向	剖切位置线（长6~10 mm）　数字所在一侧为剖视方向
剖切后的投影图	1—1	2—2
画法	被剖到的轮廓线用粗实线表示；断面上应画材料图例。当不必指出具体材料时，用等距离的方向平行细线表示，断面很小时也可涂黑表示	
规定	未被剖到部用中实线表示，虚线不画	未被剖到部分不画

二、剖面图的种类

1. 全剖面图

用一个剖切平面将形体全部剖开后画出的剖面图称为全剖面图，如图 2-83 所示。

全剖面图一般应进行标注，但当剖切平面通过形体的对称线，且平行于某一基本投影面时，可不标注。

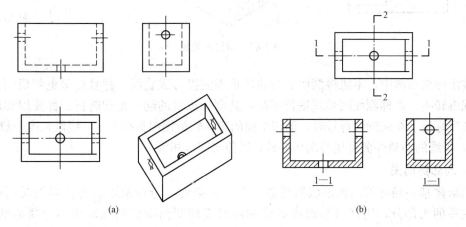

(a)   (b)

图 2-83　水槽的全剖面图

(a)外观投影图；(b)全剖面图

2. 半剖面图

如果被剖切的形体是对称的，画图时常以对称线为界，将投影图的一半画成剖面图，将另一半画成形体的外形图，这种组合而成的投影图称为半剖面图。当对称线是铅垂线时，剖面图一般画在对称线的右方，如图 2-84 所示；当对称线是水平线时，剖面图一般画在对称线的下方。半剖面图一般不画剖切符号和编号，图名沿用原投影图的图名。

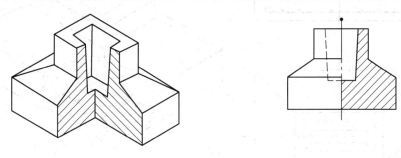

图 2-84　半剖面图

对于同一图形来说，所有剖面图的建筑材料图例要一致。由于在剖面图一侧的图形已将形体的内部形状表达清楚，因此，在视图一侧不应再画表达内部形状的虚线。

3. 阶梯剖面图

如果形体上有较多的孔、槽等，用一个剖切平面不能都剖到时，则可以假想用几个互相平行的剖切平面分别通过孔、槽的轴线将形体剖切开，所得到的剖面图称为阶梯剖面图，如图 2-85 所示。

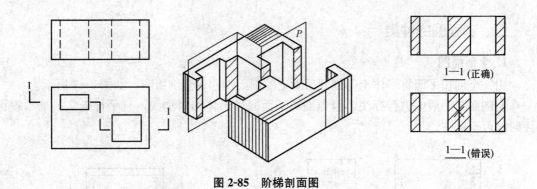

图 2-85　阶梯剖面图

　　在阶梯剖面图中，不能将剖切平面的转折平面投影成直线，并且要避免剖切面在图形轮廓线上转折。阶梯剖面图必须进行标注，其剖切位置的起、止和转折处都要用相同的阿拉伯数字标注。在画剖切符号时，剖切平面的阶梯转折用粗折线表示，线段长度一般为 4～6 mm，折线的凸角外侧可注写剖切编号，以免与图线相混。

　　4. 局部剖面图

　　当形体某一局部的内部形状需要表达但又没必要作全剖或不适合作半剖时，可以保留原视图的大部分，用剖切平面将形体的局部剖切开而得到的剖面图称为局部剖面图。如图 2-86 所示的杯形基础，其正立剖面图为全剖面图，在断面上详细表达了钢筋的配置，所以在画俯视图时，保留了该基础的大部分外形，仅将其一角画成剖面图，反映内部的配筋情况。

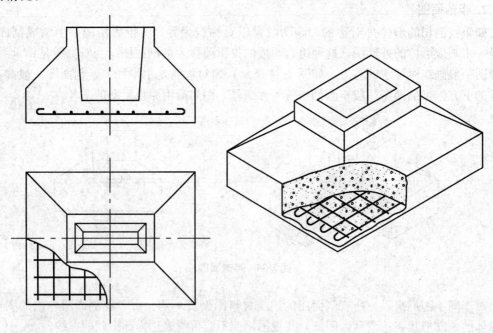

图 2-86　杯形基础的局部剖面图

　　画局部剖面图时，要用波浪线标明剖面的范围，波浪线不能与视图中的轮廓线重合，也不能超出图形的轮廓线。

5. 分层剖面图

对一些具有分层构造的工程形体，可按实际情况用分层剖开的方法得到其剖面图，称为分层剖面图。

图 2-87 所示为分层局部剖面图，反映地面各层所用的材料和构造的做法，多用来表达房屋的楼面、地面、墙面和屋面等处的构造。分层局部剖面图应按层次以波浪线将各层分开，波浪线也不应与任何图线重合。

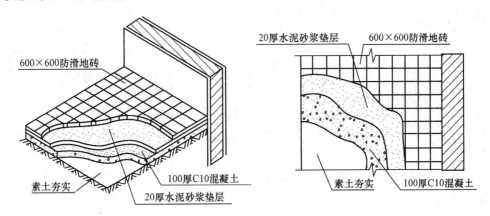

图 2-87　分层局部剖面图

图 2-88 所示为木地板分层构造剖面图，将剖切的地面一层一层地剥离开来，在剖切的范围中画出材料图例，有时还加注文字说明。

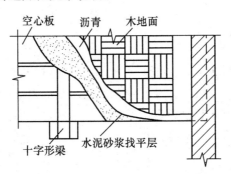

图 2-88　木地板分层构造剖面图

总之，剖面图是工程中应用最多的图样，必须掌握其画图方法，并准确理解和识读各种剖面图，提高识图能力。

三、断面图的种类

1. 移出断面图

将形体某一部分剖切后所形成的断面图，移画于投影图外的一侧，称为移出断面图，如图 2-89 所示。

2. 重合断面图

将断面图直接画于投影图中，二者重合在一起，称为重合断面图，如图 2-90 所示。

3. 中断断面图

将断面图画在构件投影图的中断处，称为中断断面图，如图 2-91 所示。

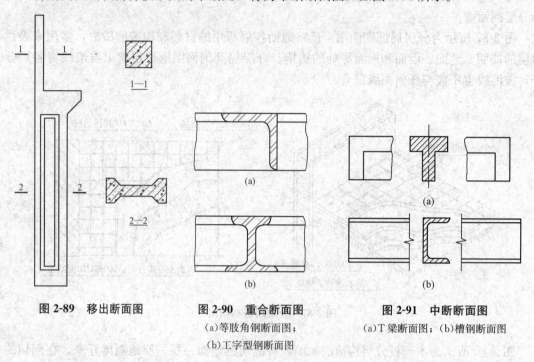

图 2-89　移出断面图　　　　图 2-90　重合断面图　　　　图 2-91　中断断面图
　　　　　　　　　　　　　　(a)等肢角钢断面图；　　　　(a)T 梁断面图；(b)槽钢断面图
　　　　　　　　　　　　　　(b)工字型钢断面图

▶ 本章小结

　　本章主要介绍了建筑制图基础知识，包括建筑制图常用的工具，图纸幅面、标题栏、图线、字体、尺寸标注的相关制图标准，投影的基本规律与点、直线、平面的正投影，体的投影，轴测投影，剖面图与断面图等。通过本章的学习，学生应具备基本的制图、识图能力，为日后的设计、施工打下基础。

▶ 思考与练习

1. 建筑制图常采用的线型有哪些？
2. 简述投影法的分类。
3. 形体三面投影图的特性是什么？
4. 直线正投影的基本性质是什么？
5. 平面投影的基本性质是什么？
6. 轴测投影的基本性质是什么？
7. 什么是全剖面图和半剖面图？

第三章　常用建筑材料

1. 了解建筑材料的定义、分类及在建筑工程中的应用。
2. 熟悉建筑材料的物理性能与力学性能。
3. 掌握气硬性胶凝材料和水硬性胶凝材料的组成、性能及应用。
4. 了解混凝土、建筑砂浆的组成和技术要求。
5. 熟悉常用墙体材料；了解建筑钢材的分类、主要技术性能及应用。

1. 能区分有关建筑材料的技术标准及其区别。
2. 能对建筑材料的物理性能、力学性能及其计算方法有所熟悉。
3. 能够掌握几种常见胶凝材料的组成、性能及适用范围。
4. 能够掌握混凝土的组成、特性及测试要求；掌握建筑砂浆的种类及技术性质。
5. 能正确选用墙体材料、建筑钢材，了解材料性能及应用要求。

第一节　建筑材料概述

一、建筑材料的定义及分类

广义的建筑材料，除指用于建筑物本身的各种材料之外，还包括卫生洁具、暖气及空调设备等器材。狭义的建筑材料即构成建筑物及构筑物本身的材料，即从地基、承重构件（梁、板、柱等），直到地面、墙体、屋面等所用的材料。

建筑材料可从材料来源、使用功能、使用部位等角度划分。通常根据组成物质的种类及化学成分，将建筑材料分为无机材料、有机材料和复合材料三大类（表 3-1）。

表 3-1　建筑材料的分类

分类	常用品种	举例
无机材料	金属材料	钢、铁、铝、铝合金等
	非金属材料	砂、石、水泥、玻璃、石材等
有机材料	植物材料	木材、竹材
	沥青材料	石油沥青、煤沥青、沥青制品
	高分子材料	塑料、合成橡胶、胶黏剂、涂料

分类	常用品种	举例
复合材料	金属材料与有机材料复合	轻质金属夹心板
	无机非金属材料与有机材料复合	聚合物水泥混凝土、沥青混凝土、玻璃纤维增强塑料
	无机非金属材料与金属材料复合	钢纤维增强混凝土

二、建筑材料在建筑工程中的应用

建筑业的发展与建筑材料的发展是密不可分的。一方面，建筑物的功能、形状、色彩等无一不依赖建筑材料；另一方面，建筑材料是建筑物的重要组成部分，在建筑工程中，建筑材料费用一般占建筑总造价的60%左右，甚至更高，也就是说建筑物的各种使用功能必须由相应的建筑材料来实现。建筑材料在建筑工程中应用得非常广泛，一方面，建筑工程质量及功能的提高依赖建筑材料；另一方面，建筑材料的种类及质量的提高也促进了建筑业的发展。

三、建筑材料的检验与相关标准

建筑材料的技术标准是生产和使用单位检验、确定产品质量是否合格的技术文件。为了保证材料的质量、现代化生产和科学管理，必须对材料产品的技术要求制定统一的执行标准，其内容主要包括产品规格、分类、技术要求、检验方法、验收规则、标志、运输和贮存注意事项等。

（一）我国技术标准

建筑材料检验的依据是有关的技术标准、规程、规范及规定。这些标准对原材料、半成品、成品和工程整体质量的检验方法、评定方法等作出了技术规定，在选用材料及施工中都应执行。总体来说，我国技术标准分为国家标准、行业标准、地方标准和企业标准四类。

1. 国家标准

国家标准分为强制性标准（代号 GB）和推荐性标准（代号 GB/T）。强制性标准是全国必须执行的技术指导文件，产品的技术指标都不得低于强制性标准中规定的要求。推荐性标准是指在执行时也可采用的其他相关标准。

2. 行业标准

行业标准在全国性的行业范围内适用，在没有国家标准而又需要在全国某行业范围内统一技术要求时制定，由中央部委标准机构指定有关研究机构、院校或企业等起草或联合起草，报主管部门审批，国家技术监督局备案后发布；当国家有相应标准颁布时，该项行业标准废止。

3. 地方标准

地方标准为地方主管部门发布的地方性技术指导文件，适合在某地区范围内使用。凡没有国家标准和行业标准时，可由相应地区根据生产厂家或企业的技术力量，以保证产品质量为目的制定有关标准。

4. 企业标准

企业标准只限于企业内部使用，是在没有国家标准和行业标准时，企业为了控制生产质量而制定的技术标准。企业标准必须以保证材料质量、满足使用要求为目的。

标准的一般表示方法：标准名称、部门代号、编号和批准年份。例如，国家标准（强制性）——《建筑材料放射性核素限量》(GB 6566—2010)；国家标准（推荐性）——《低碳钢热轧圆盘条》(GB/T 701—2008)。

（二）国际标准

国际标准大致可分为以下几类：

(1)世界范围内统一使用的"ISO"国际标准。

(2)国际上有影响的团体标准和公司标准，如美国材料与试验协会标准"ASTM"。

(3)区域性标准，是指工业先进国家的标准，如德国工业标准"DIN"、英国的"BS"标准、日本的"JIS"标准等。

各类标准都具有时间性，由于技术水平是不断提高的，不同时期的标准必须与同时期的技术水平相适应，所以，各类标准只能反映某时期内的技术水平。近期以来，经修订后我国已颁布了许多新标准，另外还有一些标准正在修订或待颁布，以实现与国际标准接轨。

第二节 建筑材料的物理性能与力学性能

一、物理性能

（一）与质量有关的性质

1. 密度、表观密度、堆积密度

(1)密度。密度是指材料在绝对密实状态下单位体积的质量。其计算公式为

$$\rho = \frac{m}{V} \tag{3-1}$$

式中　ρ——材料的密度(g/cm^3)；

　　　m——材料的质量(g)；

　　　V——材料在绝对密实状态下的体积(cm^3)。

材料在绝对密实状态下的体积是指不包括材料孔隙在内的固体体积。在建筑材料中，除钢材、玻璃等极少数材料可认为不含孔隙外，绝大多数材料内部都存在孔隙。

(2)表观密度。材料在自然状态下，单位体积（只包括闭口孔）的质量称为表观密度，也叫作视密度，用公式表示为

$$\rho' = \frac{m}{V'} \tag{3-2}$$

式中　ρ'——材料的表观密度$(g/cm^3$ 或 $kg/m^3)$；

　　　V'——在自然状态下材料的体积（只包括闭口孔）$(cm^3$ 或 $m^3)$；

　　　m——在自然状态下材料的质量$(g$ 或 $kg)$。

材料在自然状态下的体积是指构成材料的固体物质体积与全部孔隙体积之和。

(3)堆积密度。粉状及颗粒状材料在堆积状态下，单位体积的质量称为堆积密度，用公式表示为

$$\rho_0' = \frac{m}{V_0'} \tag{3-3}$$

式中　ρ_0'——材料的堆积密度(g/cm^3 或 kg/m^3)；

　　　V_0'——材料的堆积体积(cm^3 或 m^3)；

　　　m——材料的质量(g 或 kg)。

上述各有关密度指标，在建筑工程机械配料计算、构件自重计算、配合比设计、测算堆放场地时会得到应用。

材料的堆积体积包括颗粒体积和颗粒间空隙的体积。砂、石等散粒状材料的堆积体积，可通过在规定条件下用所填充容量筒的容积求得。

在建筑工程中，计算材料的用量时经常用到材料的密度、表观密度和堆积密度等数据。常用建筑材料的密度、表观密度和堆积密度见表3-2。

表 3-2　常用建筑材料的密度、表观密度和堆积密度

材料名称	密度/($g \cdot cm^{-3}$)	表观密度/($kg \cdot m^{-3}$)	堆积密度/($kg \cdot m^{-3}$)
钢材	7.85	7 850	—
花岗石	2.60~2.90	2 500~2 850	—
石灰石	2.40~2.60	2 000~2 600	—
普通玻璃	2.50~2.60	2 500~2 600	—
烧结普通砖	2.50~2.70	1 500~1 800	—
建筑陶瓷	2.50~2.70	1 800~2 500	—
普通混凝土	2.60~2.80	2 300~2 500	—
普通砂	2.60~2.80	2 550~2 750	1 450~1 700
碎石或卵石	2.60~2.90	2 550~2 850	1 400~1 700
木材	1.55	400~800	—
泡沫塑料	1.0~2.6	20~50	—

2. 孔隙率、空隙率、密实度、填充率

(1)孔隙率。孔隙率是指材料孔隙体积占总体积的比例，用 P 表示。其计算公式为

$$P = \frac{V_0 - V}{V_0} \times 100\% = \left(1 - \frac{V}{V_0}\right) \times 100\% = \left(1 - \frac{\rho_0}{\rho}\right) \times 100\% \tag{3-4}$$

式中　P——材料的孔隙率(%)；

　　　V_0——在自然状态下材料的体积(包含所有孔隙即开口孔及闭口孔)(cm^3 或 m^3)；

　　　V——材料在绝对密实状态下的体积(cm^3 或 m^3)；

　　　ρ_0——材料的体积密度(g/cm^3 或 kg/m^3)；

　　　ρ——材料的密度(g/cm^3 或 kg/m^3)；

材料的密实度和孔隙率从不同角度反映材料的密实程度，通常采用孔隙率表示材料的密实程度。

根据孔隙构造特征的不同，孔隙分为连通孔和封闭孔。连通孔彼此贯通且与外界相通，

封闭孔彼此不连通且与外界隔绝。孔隙按其尺寸大小,又可分为粗孔和细孔。建筑材料的许多性质(如强度、吸水性、抗渗性、抗冻性、导热性及吸声性等)都与材料的孔隙率和孔隙的构造特征有关。

(2)空隙率。空隙率是指在颗粒状材料的堆积体积内,颗粒间空隙体积所占的比例,用公式表示为

$$P' = \frac{V'_0 - V_0}{V'_0} \times 100\% = \left(1 - \frac{\rho'_0}{\rho_0}\right) \times 100\% \tag{3-5}$$

式中　P'——颗粒状材料堆积时的空隙率(%);

　　　　V'_0——颗粒状材料的堆积体积(m^3);

　　　　V_0——材料所有颗粒体积之和(m^3);

　　　　ρ_0——材料颗粒的体积密度(kg/m^3);

　　　　ρ'_0——颗粒状材料的堆积密度(kg/m^3)。

空隙率的大小反映了颗粒状材料堆积时颗粒之间相互填充的致密程度,对于混凝土的粗、细集料来说,其级配越合理,配制的混凝土就越密实,既能满足强度方面的要求,又能在一定限度内节约水泥的用量。

(3)密实度。密实度是指材料的体积内被固体物质充满的程度,用公式表示为

$$D = \frac{V}{V_0} \times 100\% = \frac{\rho_0}{\rho} \times 100\% \tag{3-6}$$

式中　D——材料的密实度。

由孔隙率及密实度的概念可知:

$$P + D = 1 \tag{3-7}$$

由式(3-4)和式(3-6)相加也可导出式(3-7),其反映了材料的自然体积是由绝对密实的体积和孔隙体积构成的。几种常见建筑材料的孔隙率见表3-3。

表3-3　常见建筑材料的孔隙率

材料名称	$P/\%$	材料名称	$P/\%$
石灰石	0.2~4	烧结空心砖	20~40
花岗石	<1	木材	55~75
普通混凝土	5~20	—	—

(4)填充率。填充率是指颗粒状材料在其堆积体积内,被颗粒实体体积填充的程度,用公式表示为

$$D' = \frac{V_0}{V'_0} \times 100\% = \frac{\rho'_0}{\rho_0} \times 100\% \tag{3-8}$$

式(3-5)和式(3-8)相加可得

$$P' + D' = 1 \tag{3-9}$$

式中　D'——颗粒状材料的填充率(%)。

其他参数意义同前。

(二)与水有关的性质

材料在使用过程中都会不同程度地与水接触,这些水可能来自空气,也可能来自外界

的雨、雪或地下水等。绝大多数情况下，水与材料的接触都会给材料带来危害。因此，有必要了解材料与水有关的性质。

1. 亲水性与憎水性

为了解释材料的亲水性与憎水性，建立图 3-1 所示的模型，并引入润湿角这一概念。

润湿角是指在水、材料与空气的液、固、气三相交接处作液滴表面的切线，切线经过水与材料表面的夹角用 θ 表示。

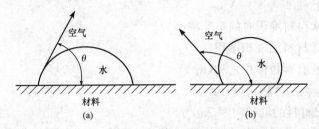

图 3-1　材料的润湿角

(a)亲水性材料；(b)憎水性材料

(1)亲水性。如图 3-1(a)所示，材料在空气中与水接触时能被水润湿的性质称为亲水性。具有这种性质的材料称为亲水性材料，如砖、混凝土、木材等。

(2)憎水性。如图 3-1(b)所示，材料在空气中与水接触时不能被水润湿的性质，称为憎水性。具有这种性质的材料称为憎水性材料，如沥青、石蜡等。

2. 吸湿性与吸水性

(1)吸湿性。吸湿性是指材料在潮湿空气中吸收水分的性质，用含水率 $W_{含}$ 表示。含水率指材料含水时的质量占材料干燥时的质量的百分比，用公式表示为

$$W_{含} = \frac{m_{含} - m_{干}}{m_{干}} \times 100\% \tag{3-10}$$

式中　$W_{含}$——材料的含水率(%)；

　　　$m_{含}$——材料含水时的质量(g)；

　　　$m_{干}$——材料烘干至恒重时的质量(g)。

材料的吸湿性除与其本身的化学组成、结构等因素有关外，还与环境的温湿度密切相关，这是因为材料与环境达到动态平衡时(材料向空气中挥发的水分，与从空气中吸收的水分平衡)才能得到一个稳定、相对不变的含水率。

(2)吸水性。吸水性是指材料在水中吸收水分的性质。吸水性的大小用吸水率表示，有质量吸水率和体积吸水率之分。

质量吸水率是指材料吸水饱和后的质量占材料干燥时的质量的百分比，用 $W_{质}$ 表示，用公式表示为

$$W_{质} = \frac{m_{湿} - m_{干}}{m_{干}} \times 100\% \tag{3-11}$$

式中　$W_{质}$——材料的质量吸水率(%)；

　　　$m_{湿}$——材料吸水饱和后的质量(g)；

　　　$m_{干}$——材料烘干至恒重时的质量(g)。

工程中多用质量吸水率 $W_{质}$ 表示材料的吸水性，但对于某些轻质材料如泡沫塑料等，

由于其质量吸水率超过了100%，故用体积吸水率$W_体$表示其吸水性较为适宜，用公式表示为

$$W_体 = \frac{m_湿 - m_干}{V_0} \times \frac{1}{\rho_w} \times 100\%$$ (3-12)

式中 $W_体$——材料的体积吸水率(%)；

ρ_w——水的密度(g/cm^3)；

V_0——材料的体积(cm^3)。

材料吸水率的大小取决于材料本身特性(是亲水性的还是憎水性的)及材料的结构特征。材料有孔隙方有吸水性。对于具有孔隙的材料，其吸水率的大小还与孔隙率、孔隙的构造有关。封闭的孔隙实际上是不吸水的，只有有开口且与毛细管连通的孔隙才是吸水性最强的。

3. 耐水性、抗渗性和抗冻性

(1)耐水性。材料在长期饱和水的作用下不被破坏，其强度也不显著降低的性质称为耐水性。耐水性用软化系数表示：

$$K_p = \frac{f_w}{f}$$ (3-13)

式中 K_p——软化系数，取值为0～1；

f_w——材料在吸水饱和状态下的抗压强度(MPa)；

f——材料在绝对干燥状态下的抗压强度(MPa)。

软化系数越小，材料的耐水性越差。浸水后的材料内部结合力会降低，从而引起材料强度的下降。$K_p > 0.80$的材料，可以认为是耐水材料，对于处在潮湿环境的重要结构物，K_p应大于0.85；在次要的受潮轻的情况下，K_p不宜小于0.75。干燥环境中使用的材料可以不考虑耐水性。

(2)抗渗性。材料在水、油等液体压力作用下抵抗渗透的性质称为抗渗性。渗透系数越小的材料，其抗渗性越好。

建筑中大量使用的砂浆、混凝土等材料，其抗渗性用抗渗等级表示。抗渗等级用材料抵抗的最大水压力来表示，如P6、P8、P10、P12等分别表示材料可抵抗0.6 MPa、0.8 MPa、1.0 MPa、1.2 MPa的水压力而不渗水。抗渗等级越大，材料的抗渗性越好。

另外，抗渗性也可用渗透系数K来表示：

$$K = \frac{Qd}{AtH}$$ (3-14)

式中 K——渗透系数$[cm/h$或$cm^3/(cm^2 \cdot h)]$；

Q——渗水量(cm^3)；

d——试件厚度(cm)；

A——渗水面积(cm^2)；

t——渗水时间(h)；

H——水头差(水压力)(cm)。

渗透系数K的物理意义是，在一定的时间t内，通过材料的水量Q与试件截面面积A及材料两侧的水头差H成正比，而与试件厚度d成反比。

材料的抗渗性主要与材料的孔隙状况有关，材料的孔隙越大，开口孔越多，其抗渗性就越差。绝对密实的材料及仅含闭口孔隙的材料通常是不渗水的。

(3)抗冻性。抗冻性是指材料在吸水饱和状态下，经过多次冻融循环作用而不被破坏，其强度也不显著降低的性质。

材料的抗冻性常用抗冻等级来表示。混凝土用 FN 表示抗冻等级，其中 N 表示混凝土试件经受冻融循环试验后，强度及质量损失不超过国家规定标准值时所对应的最大冻融循环次数，如 F25、F50 等。

冻融循环的破坏作用主要是材料孔隙内的水结冰时体积膨胀，对孔壁产生较大压强而引起的。材料的抗冻性与材料的孔隙率、孔隙的构造特征、吸水饱和程度、强度等有关。一般来说，密实、有封闭孔隙且强度较高的材料有较强的抗冻能力。

(三)热工性能

1. 导热性与热容量

建筑材料在建筑物中除需满足强度及其他性能要求外，还要满足建筑节能的要求，为生产、工作及生活创造适宜的室内环境。因此，在选用围护结构材料时，需要考虑材料的热工性质。

(1)导热性。材料传导热量的性质称为材料的导热性，材料的导热性用导热系数表示为

$$\lambda = \frac{Qd}{(T_1 - T_2)At} \tag{3-15}$$

式中　λ——导热系数[W/(m·K)]；

　　　Q——传导的热量(J)；

　　　d——材料厚度(m)；

　　　$T_1 - T_2$——材料两侧温差(K)；

　　　A——材料导热面积(m²)；

　　　t——导热时间(s)。

由式(3-15)可知，在相同的试验条件下(即 d、A、t、$T_1 - T_2$ 相同)，不同材料的导热系数主要取决于传导的热量 Q，也就是说通过材料传导的热量少则 λ 就小，即导热系数越小，材料的保温隔热性越强，用这种材料建造的房屋冬暖夏凉。一般将 $\lambda < 0.25$ W/(m·K)的材料称为绝热材料。通常建筑材料导热系数的范围跨度较大，一般为0.023~400 W/(m·K)。

材料的导热性主要取决于材料的组成及结构状态。

一般情况下，金属材料的导热系数最大，保温隔热性能差，无机非金属材料居中，有机材料最小。从结晶的角度来看，结晶结构的导热系数最大，微晶结构次之，玻璃体结构最小。当材料的成分相同时，孔隙率大的材料导热系数小；当孔隙率相同时，含闭口孔隙的材料比含开口孔隙的材料的导热系数小。除此之外，导热系数还与温度、材料的含水率有关。多数材料在高温下的导热系数比常温下的大；材料含水率增大后，导热系数也会明显增大。

纳米技术的发展，有可能对绝热材料的生产应用带来革命性的变化。虽然国内外还未见绝热材料产品工业化生产中应用纳米技术的报道，但是纳米技术在其他产品领域的应用已为其在绝热材料生产中的应用提供了无限的空间。

(2)热容量。材料加热时吸收热量、冷却时放出热量的性质称为材料的热容量。热容量的大小用比热容表示。比热容表示1 g材料温度升高或降低1 K时所吸收或放出的热量。材料吸收或放出的热量和比热容计算公式为

$$Q=Cm(T_2-T_1) \tag{3-16}$$

$$C=\frac{Q}{m(T_2-T_1)} \tag{3-17}$$

式中　Q——材料吸收或放出的热量(J)；

　　　C——材料的比热容$[J/(g·K)]$；

　　　m——材料的质量(g)；

　　　T_2-T_1——材料受热或冷却前后的温差(K)。

材料的比热容对保持建筑物内部温度稳定有很大意义。比热容大的材料，能在热流变动或采暖设备供热不均匀时缓和室内的温度波动。

2. 耐热性与耐燃性

(1)耐热性。材料在高温作用下不失去使用功能的性质称为材料的耐热性(或耐高温性、耐火性)，一般用耐受时间(h)来表示，称为耐热极限。

(2)耐燃性。材料抵抗和延缓燃烧的性质称为材料的耐燃性。按照耐火要求的规定，一般将材料的耐燃性分为非燃烧材料(如钢铁、砖、砂石等)、难燃烧材料(如纸面石膏板、水泥刨花板等)和燃烧材料(如木材及大部分有机材料)。

要注意区分耐热性和耐燃性，耐燃的材料不一定耐热(如玻璃)，而耐热的材料一般都耐燃。

表 3-4 所列为常用建筑材料的热工性能指标。

表 3-4　常用建筑材料的热工性能指标

材料名称	导热系数 $\lambda/[W·(m·K)^{-1}]$	比热 $C/[J·(g·K)^{-1}]$
钢材	55	0.46
花岗石	2.9	0.80
普通混凝土	1.8	0.88
烧结普通砖	0.55	0.84
泡沫塑料	0.035	1.30

(四)声学性能

1. 吸声性能

声波在传播过程中遇到材料表面，一部分声波将被材料吸收，并转变为其他形式的能，材料的这种性质用吸声系数来表示，即

$$\alpha=\frac{E_a}{E_0} \tag{3-18}$$

式中　α——吸声系数；

　　　E_a——被吸收的能量；

　　　E_0——传递给材料表面的总声能。

不同材料的吸声程度有所不同，同一种材料对于不同频率声波的吸收能力也有所不同。通常采用频率为 125 Hz、250 Hz、500 Hz、1 000 Hz、2 000 Hz、4 000 Hz 的平均吸声系数 $\bar{\partial}$ 来表示一种材料的吸声性能，如 $\bar{\partial}\geqslant0.2$，则该材料为吸声材料。$\bar{\partial}$ 越大，表明材料的吸声能力越强。通常情况下，材料的孔隙越多、越细小，其吸声效果就越好。

2. 隔声性能

隔声是指材料阻止声波透过的能力。材料的隔声性能用材料的入射声能与透过声能相差的分贝数表示，差值越大，则隔声性能越好。

通常要隔绝的声音按照传播途径可分为空气声（通过空气传播的声音）和固体声（通过固体的振动传播的声音）两种。对于空气声，根据声学中的"质量定律"，材料的密度越大，越不易受声波作用而产生振动，声波通过材料传递的速度迅速减小，隔声效果越好，故应选择密度大的材料（如烧结普通砖、钢筋混凝土、钢板等）作为隔绝空气声的材料。隔绝固体声最有效的措施是采用不连续的结构处理，以阻止或减弱固体声波的继续传播。如在墙壁和承重梁之间、房屋的框架和墙板之间加弹性衬垫（如毛毡、软木、橡皮等材料）或在楼板上加弹性地毯等。

二、力学性能

（一）强度、比强度

1. 强度

材料因承受外力（荷载）所具有抵抗变形不致破坏的能力称作强度。破坏时的最大应力为材料的强度极限，计算公式表示为

$$f = \frac{F_{max}}{A} \tag{3-19}$$

式中　　f——强度极限（MPa）；

F_{max}——最大破坏荷载（N）；

A——受荷面积（mm^2）。

作用在材料外表面或内部单位面积的力称为应力，用 σ 表示。

材料的强度主要有抗拉强度、抗压强度、抗弯（折）强度、抗剪强度。材料承受各种外力作用的示意如图 3-2 所示。

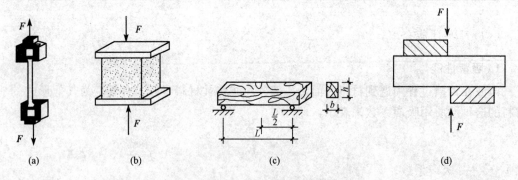

图 3-2　材料承受各种外力作用的示意

（a）抗拉；（b）抗压；（c）抗弯；（d）抗剪

材料的抗弯强度与试件受力情况、截面形状及支承条件有关。一般试验方法是将矩形截面的条形试件放在两支点上，中间作用一集中荷载，如图 3-2（d）所示，则抗弯强度计算公式为

$$f_{\mathrm{m}} = \frac{3}{2}\frac{FL}{bh^2} \tag{3-20}$$

式中　f_{m}——抗弯强度(MPa)；

　　　F——弯曲破坏时的最大集中荷载(N)；

　　　L——两支点间的距离(mm)；

　　　b、h——试件截面的宽与高(mm)。

材料的强度主要取决于其组成和结构。不同种类的材料，强度差别很大；即使同一材料，强度也有很大差异。一般来说，材料的孔隙率越大，强度越低。另外，受力形式和试验条件不同时，材料的强度也不同，所以，对材料进行试验时必须严格遵照有关标准规定的方法进行。

2. 比强度

对不同的材料强度进行比较，可以采用比强度。比强度是按单位质量计算的材料强度，其值等于材料强度与其表观密度之比。比强度是衡量材料轻质高强的一个主要指标。几种主要材料的比强度值见表 3-5。

表 3-5　几种主要材料的比强度值

材料	表观密度/(kg·m^{-3})	抗压强度/MPa	比强度
松木	500	34.3(顺纹)	0.069
低碳钢	7 850	420	0.054
普通混凝土	2 400	40	0.017
烧结普通砖	1 700	10	0.006

由表 3-5 中的数据可知，在四种材料中，松木的比强度最高，是轻质高强最好的材料，而普通混凝土和烧结普通砖是质量大而强度低的材料。

(二)变 形 性

1. 弹性和弹性变形

材料在外力作用下产生变形，当外力取消后，变形即可消失，材料能够完全恢复原来形状的性质称为弹性，这种变形称为弹性变形。其数值的大小与外力成正比。应力与应变（应变指单位长度上的变形量，用 ε 表示）的比值称为弹性模量，用 E 表示，即

$$E = \frac{\sigma}{\varepsilon} \tag{3-21}$$

式中　E——材料的弹性模量(MPa)；

　　　σ——材料的应力(MPa)；

　　　ε——材料的应变(mm/m)。

弹性模量是衡量材料抵抗变形能力的一个指标，E 越大，材料越不易变形。

2. 塑性和塑性变形

材料在外力作用下产生变形，除去外力后仍保持变形后的形状和尺寸，并且不产生裂缝的性质称为塑性。这种不能恢复的变形称为塑性变形。

单纯的弹性材料是没有的。有的材料(如钢材)受力不大时产生弹性变形，受力超过一定限度后即产生塑性变形。有的材料(如混凝土)在受力时弹性变形和塑性变形同时存在，

如图 3-3 所示，取消外力后，弹性变形 ab 可以恢复，而塑性变形 Ob 则不能恢复，通常将这种材料称为弹、塑性材料。

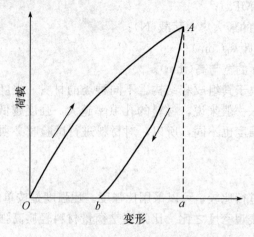

图 3-3   材料的弹、塑性变形曲线

(三)耐久性

材料的耐久性是材料抵抗上述多种作用的一种综合性质，通常包括抗冻性、抗腐蚀性、抗渗性、抗风化性、耐热性、耐酸性等。不同的材料或同种材料处于不同环境中时，其耐久性侧重的方面也不一样。

例如，金属材料主要易受电化学腐蚀；硅酸盐类材料易受溶蚀、化学腐蚀、冻融、热应力等破坏；沥青、塑料等在阳光、空气、热的作用下逐渐老化等。要根据材料的特点和所处环境的条件采取相应的措施，确保工程所要求的耐久性。

第三节   常用胶凝材料

胶凝材料是指凡经过自身的物理、化学作用，能够由可塑性浆体变成坚硬固体，并具有胶结能力，能把粒状材料或块状材料黏结为一个整体，且具有一定力学强度的物质。

胶凝材料通常分为有机胶凝材料和无机胶凝材料两大类。

有机胶凝材料是指以天然或人工合成高分子化合物为基本组成的一类胶凝材料，橡胶、沥青和各种树脂属于有机胶凝材料。

无机胶凝材料又称矿物胶凝材料，根据凝结硬化条件和使用特性，通常又分为气硬性和水硬性两类。本节主要介绍无机胶凝材料。

一、气硬性胶凝材料

气硬性胶凝材料是指只能在空气中凝结硬化并保持和发展强度的材料，主要有石灰、建筑石膏、水玻璃、菱苦土等。这类材料在水中不凝结，也基本没有强度，即使在潮湿环境中其强度也很低。

（一）石灰

1. 石灰的分类

石灰按加工方法的不同，分为块状生石灰、磨细生石灰、消石灰；按化学成分的不同，分为钙质石灰、镁质石灰；按火候的不同，分为过火石灰、欠火石灰、正火石灰。

2. 石灰的热化与硬化

（1）石灰的热化。生石灰在使用前，一般要加水使之熟化成熟石灰粉或石灰浆之后再使用。生石灰在熟化过程中会放出大量的热，并伴有体积膨胀现象。

使用时应尽量排除欠火石灰块及过火石灰。可将石灰放在储灰池中"陈伏"两周以上，使较小的过火石灰块熟化。"陈伏"期间，石灰浆表面应留有一层水，与空气隔绝，以免石灰碳化。

（2）石灰的硬化。石灰的硬化过程主要有结晶硬化和碳化硬化两个过程。

1）结晶硬化。这一过程也可称为干燥硬化过程。在这一过程中，石灰浆体的水分蒸发，氢氧化钙从饱和溶液中逐渐结晶出来。干燥和结晶使氢氧化钙颗粒产生一定的强度。

2）碳化硬化。碳化硬化过程实际上是水与空气中的二氧化碳首先生成碳酸，然后与氢氧化钙反应生成碳酸钙，析出多余水分并蒸发。这一过程的反应式为

$$Ca(OH)_2 + CO_2 + nH_2O \longrightarrow CaCO_3 + (n+1)H_2O \tag{3-22}$$

从结晶硬化和碳化硬化这两个过程可以看出，在石灰浆体的内部主要进行结晶硬化过程，而在浆体表面与空气接触的部分进行的则是碳化硬化过程，外部碳化硬化形成的碳酸钙膜达到一定厚度时，就会阻止外界的二氧化碳向内部渗透和内部水分向外蒸发。由于空气中二氧化碳的浓度较低，所以，碳化过程一般较慢。

3. 石灰的技术要求

建筑生石灰根据（MgO＋CaO）的百分含量分为各个等级。其中，钙质石灰包括钙质石灰 90（CL90）、钙质石灰 85（CL85）和钙质石灰 75（CL75）；镁质石灰包括镁质石灰 85（ML85）和镁质石灰 80（ML80）。

建筑消石灰按扣除游离水和结合水后（MgO＋CaO）的百分含量分为各个等级。其中，钙质消石灰包括钙质消石灰 90（HCL90）、钙质消石灰 85（HCL85）和钙质消石灰 75（HCL75）；镁质消石灰包括镁质消石灰 85（HML85）和镁质消石灰 80（HML80）。

4. 石灰的特性

（1）保水性和塑性好；

（2）凝结硬化慢、强度低；

（3）熟化时放出大量热量并膨胀 1～2.5 倍；

（4）耐水性差；

（5）硬化时体积收缩大。

5. 石灰的应用

（1）室内粉刷。将石灰加水调制成石灰浆用于粉刷室内墙壁等。

（2）拌制建筑砂浆。将消石灰粉与砂子、水混合拌制成石灰砂浆或将消石灰粉与水泥、砂子、水混合拌制成石灰水泥混合砂浆，用于抹灰或砌筑。

（3）配制三合土和灰土。将生石灰粉、黏土、砂土按 1∶2∶3 的比例配合，并加水拌合得

到的混合料叫作三合土，其夯实后可作为路基或垫层。而将生石灰粉、黏土按 1 : (2~4)的比例配合，并加水拌合得到的混合料叫作灰土，其也可以作为建筑物的基础、道路路基及垫层。

（4）生产硅酸盐制品。硅酸盐制品主要包括粉煤灰混凝土、粉煤灰砖、硅酸盐砌块、灰砂砖、加气混凝土等。它们主要以石英砂、粉煤灰、矿渣、炉渣等为原料，其中的 SiO_2、Al_2O_3 与石灰在蒸汽养护或蒸压养护条件下生成水化硅酸钙和水化铝酸钙等水硬性产物，产生强度。这个过程中若没有 $Ca(OH)_2$ 参与反应，则强度很低。

（5）加固含水的软土地基。生石灰可用来加固含水的软土地基，如石灰桩，它是在桩孔内灌入生石灰块，利用生石灰吸水熟化时体积膨胀的性能产生膨胀压力，从而加固地基。

鉴于石灰的性质，它必须在干燥的条件下运输和贮存，且不宜久存。若长时间存放必须密闭、防水、防潮。

（二）建筑石膏

1. 建筑石膏的种类

建筑石膏的种类如图 3-4 所示。

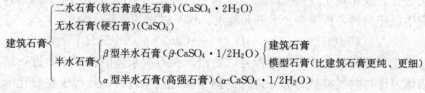

图 3-4　建筑石膏的种类

2. 建筑石膏的特性

（1）凝结硬化快；

（2）具有微膨胀性；

（3）孔隙大；

（4）耐水性差；

（5）抗火性好。

3. 建筑石膏的技术要求

《建筑石膏》(GB/T 9776—2008)规定，建筑石膏的主要技术要求体现在细度、凝结时间和强度三个方面，具体指标见表 3-6。建筑石膏容易与水发生反应，因此，石膏在运输贮存的过程中应注意防水、防潮。另外，长期贮存会使建筑石膏的强度下降很多（一般贮存 3 个月后，强度会下降30％左右），因此，建筑石膏不宜长期贮存。一旦贮存时间过长，应重新检验确定等级。

表 3-6　建筑石膏的物理力学性能

等　　级	细度(0.2 mm 方孔筛筛余)/%	凝结时间/min		2 h 强度/MPa	
		初凝	终凝	抗折	抗压
3.0				≥3.0	≥6.0
2.0	≤10	≥3	≤30	≥2.0	≥4.0
1.6				≥1.6	≥3.0

浆体开始失去可塑性的状态称为浆体初凝，从加水至初凝的这段时间称为浆体的初凝时间；浆体完全失去可塑性，并开始产生强度称为浆体终凝，从加水至终凝的时间称为浆体的终凝时间。

4. 建筑石膏的应用

建筑石膏的用途广泛，主要用于室内抹灰、粉刷，生产各种石膏板及装饰制品，作为水泥原料中的缓凝剂和激发剂等。

(1)室内抹灰和配制粉刷石膏。以建筑石膏为基料加水、砂拌合成的石膏砂浆，用于室内抹灰时，因其具有良好的装饰性及能够调节环境温度、湿度的特点，会给人以舒适感。

由于建筑石膏的特性，它可被用于室内的抹灰及粉刷。建筑石膏加水、砂及缓凝剂拌合成石膏砂浆，用于室内抹灰或作为油漆打底使用。其特点是隔热保温性能好、热容量大、吸湿性大，因此，可以一定限度地调节室内温、湿度，保持室温的相对稳定。另外，这种抹灰墙面还具有阻火、吸声、施工方便、凝结硬化快、黏结牢固等特点，因此，可称为室内高级粉刷及抹灰材料。

(2)制作建筑装饰制品。以杂质含量少的建筑石膏(有时称为模型石膏)加入少量纤维增强材料和建筑胶水等，可制作成各种建筑装饰制品，如石膏角线、线板、角花、灯圈、罗马柱、雕塑等艺术制品，也可掺入颜料制成彩色制品。

(3)石膏板。随着框架轻板结构的发展，石膏板的生产和应用也发展很快。由于石膏板具有原料来源广泛、生产工艺简便、轻质、保温、隔热、吸声、不燃及可锯可钉性等优点，故广泛应用于建筑行业。

常用的石膏板有纸面石膏板、纤维石膏板、装饰石膏板、空心石膏板、吸声用穿孔石膏板等。

这里需注意的是，通常装饰石膏板所用的原料是磨得更细的建筑石膏，即模型石膏。

(三)水玻璃

水玻璃俗称泡花碱，是一种可溶性硅酸盐，由碱金属氧化物和二氧化硅组成，如硅酸钠($Na_2O \cdot nSiO_2$)、硅酸钾($K_2O \cdot nSiO_2$)等。建筑中常用的是硅酸钠液态水玻璃。

水玻璃分子式中 SiO_2 与碱金属氧化物的摩尔数比值 n，称为水玻璃的模数。水玻璃的模数与其黏度、溶解度有密切的关系。n 值越大，水玻璃中胶体组分(SiO_2)越多，水玻璃黏度越大，越难溶于水。相同模数的水玻璃，其密度和黏度越大，硬化速度越快，硬化后的黏结力与强度也越高。工程中常用的水玻璃模数为 2.6～2.8，其密度为 1.3～1.4 g/cm³。水玻璃模数的大小可根据要求配制。

水玻璃在空气中吸收二氧化碳，形成无定形硅酸凝胶，并逐渐干燥而硬化。由于空气中二氧化碳浓度较低，硬化过程进行得非常缓慢，为了加速硬化，常加入氟硅酸钠(Na_2SiF_6)作为促硬剂，促使硅酸凝胶析出。氟硅酸钠的适宜用量为水玻璃质量的 12％～15％。

1. 水玻璃的技术性质

(1)黏结力强，强度较高。

(2)耐酸性好，可抵抗除氢氟酸、过热磷酸以外的几乎所有的无机酸和有机酸。

(3)耐热性好，硬化后形成的二氧化硅网状结构高温时强度下降不大。

2. 水玻璃的应用

(1)配制耐酸混凝土、耐酸砂浆、耐酸胶泥等。

(2)配制耐热混凝土、耐热砂浆及耐热胶泥。

(3)涂刷材料表面，提高材料的抗风化能力。硅酸凝胶可填充材料的孔隙，使材料致密，提高了材料的密实度、强度、抗渗等级、抗冻等级及耐水性等，从而提高了材料的抗风化能力。

(4)配制速凝防水剂。水玻璃加两种矾、三种矾或四种矾，即可配制成二矾、三矾、四矾速凝防水剂。

(5)加固土壤。将水玻璃和氯化钙溶液交替压注到土壤中，生成硅酸凝胶和硅酸钙凝胶，可使土壤固结，从而加固地基。

二、水硬性胶凝材料

水硬性胶凝材料是指不仅能在空气中凝结硬化，而且能更好地在水中凝结硬化并保持和发展强度的材料，主要有各类水泥和某些复合材料。这类材料在水中凝结硬化比在空气中还好，因此，在空气中使用时，在凝结硬化初期要尽可能浇水或保持潮湿养护。水硬性胶凝材料通常指水泥。

(一)水泥的分类及适用范围

通用水泥有五种，它们均以硅酸盐水泥为基础，生产方式为将硅酸盐水泥熟料、混合材料和石膏经磨细制成成品。通用水泥根据掺入的混合材料的种类和比例不同而加以区分，具体见表3-7。

表3-7 通用水泥的成分、特征及应用

名称	硅酸盐水泥 (P·I、P·II)	普通水泥(P·O)	矿渣水泥(P·S)	火山灰水泥(P·P)	粉煤灰水泥(P·F)
成分	(1)水泥熟料及少量石膏(I型)；(2)水泥熟料、5%以下混合材料、适量石膏(II型)	在硅酸盐水泥中掺活性混合材料6%~15%或非活性混合材料10%以下	在硅酸盐水泥中掺入20%~70%的粒化高炉矿渣	在硅酸盐水泥中掺入20%~50%的火山灰质混合材料	在硅酸盐水泥中掺入20%~40%的粉煤灰
主要特征	(1)早期强度高；(2)水化热高；(3)耐冻性好；(4)耐热性差；(5)耐腐蚀性差；(6)干缩性较小	(1)早期强度高；(2)水化热较高；(3)耐冻性较好；(4)耐热性较差；(5)耐腐蚀性较差；(6)干缩性较小	(1)早期强度低，后期强度增长较快；(2)水化热较低；(3)耐热性较好；(4)对硫酸盐类侵蚀抵抗力和抗水性较好；(5)抗冻性较差；(6)干缩性较大；(7)抗渗性较差；(8)抗碳化能力差	(1)早期强度低，后期强度增长较快；(2)水化热较低；(3)耐热性较差；(4)对硫酸盐类侵蚀抵抗力和抗水性较好；(5)抗冻性较差；(6)干缩性较大；(7)抗渗性较好	(1)早期强度低，后期强度增长较快；(2)水化热较低；(3)耐热性较差；(4)对硫酸盐类侵蚀抵抗力和抗水性较好；(5)抗冻性较差；(6)干缩性较小；(7)抗碳化能力较差

名称	硅酸盐水泥(P·Ⅰ、P·Ⅱ)	普通水泥(P·O)	矿渣水泥(P·S)	火山灰水泥(P·P)	粉煤灰水泥(P·F)
适用范围	(1)制造地上、地下及水中的混凝土、钢筋混凝土及预应力混凝土结构,包括受循环冻融的结构及早期强度要求较高的工程; (2)配制建筑砂浆	与硅酸盐水泥基本相同	(1)大体积工程; (2)高温车间和有耐热、耐火要求的混凝土结构; (3)蒸汽养护的构件; (4)一般地上、地下和水中的混凝土及钢筋混凝土结构; (5)有抗硫酸盐侵蚀要求的工程; (6)配制建筑砂浆	(1)地下、水中大体积混凝土结构; (2)有抗渗要求的工程; (3)蒸汽养护的工程构件; (4)有抗硫酸盐侵蚀要求的工程; (5)一般混凝土及钢筋混凝土工程; (6)配制建筑砂浆	(1)地上、地下、水中和大体积混凝土工程; (2)蒸汽养护的构件; (3)对抗裂性要求较高的构件; (4)有抗硫酸盐侵蚀要求的工程; (5)一般混凝土工程; (6)配制建筑砂浆
不适用处	(1)大体积混凝土工程; (2)受化学及海水侵蚀的工程	同硅酸盐水泥	(1)早期强度要求较高的混凝土工程; (2)有抗冻要求的混凝土工程	(1)早期强度要求较高的混凝土工程; (2)有抗冻要求的混凝土工程; (3)干燥环境的混凝土工程; (4)有耐磨性要求的工程	(1)早期强度要求较高的混凝土工程; (2)有抗冻要求的混凝土工程; (3)有抗碳化要求的工程

(二)水泥的组成

1. 硅酸盐水泥熟料

硅酸盐水泥熟料是由石灰石、黏土和铁矿粉等生料,按一定比例混合、磨细、煅烧而成的黑色球状颗粒或块料。其主要矿物组成为硅酸三钙、硅酸二钙、铝酸三钙和铁铝酸四钙。硅酸盐水泥熟料的主要矿物名称及含量见表 3-8。

表 3-8　硅酸盐水泥熟料的主要矿物名称及含量

矿物名称	化学式	简写	含量(质量分数)
硅酸三钙	$3CaO \cdot SiO_2$	C_3S	36%~60%
硅酸二钙	$2CaO \cdot SiO_2$	C_2S	15%~37%
铝酸三钙	$3CaO \cdot Al_2O_3$	C_3A	7%~15%
铁铝酸四钙	$4CaO \cdot Al_2O_3 \cdot Fe_2O_3$	C_4AF	10%~18%

各种矿物单独与水作用时,表现出不同的性能。表 3-9 所列是硅酸盐水泥熟料矿物单独与水作用的特性。

表 3-9　硅酸盐水泥熟料矿物单独与水作用的特性

矿物名称	密度/$(g \cdot cm^{-3})$	水化反应速率	水化放热量	强度	耐腐蚀性	收缩
$3CaO \cdot SiO_2$	3.25	快	大	高	差	中

矿物名称	密度/(g·cm^{-3})	水化反应速率	水化放热量	强度	耐腐蚀性	收缩
$2CaO \cdot SiO_2$	3.28	慢	小	早期低、后期高	好	中
$3CaO \cdot Al_2O_3$	3.04	最快	最大	低	最差	大
$4CaO \cdot Al_2O_3 \cdot Fe_2O_3$	3.77	快	中	低	中	小

由表 3-9 可知，硅酸三钙的水化速度较快，水化热较大，且主要是早期放出，其强度最高，是决定水泥强度的主要矿物；硅酸二钙的水化速度最慢，水化热最小，且主要是后期放出，是保证水泥后期强度的主要矿物；铝酸三钙是水化速度最快、水化热最大的矿物，且硬化时体积收缩最大；铁铝酸四钙的水化速度也较快，仅次于铝酸三钙，其水化热中等，有利于提高水泥的抗拉强度。水泥是几种熟料矿物的混合物，改变矿物成分的比例时，水泥性质即发生相应的变化，可制成不同性能的水泥。例如，提高硅酸三钙的含量，可制得快硬高强水泥；降低硅酸三钙和铝酸三钙的含量和提高硅酸二钙的含量，可制得水化热小的热水泥；提高铁铝酸四钙的含量、降低铝酸三钙的含量，可制得道路水泥。

2. 石膏

石膏是硅酸盐系水泥必不可少的组成材料，其主要作用是延缓水泥的凝结时间。石膏掺量的多少取决于铝酸三钙含量的多少。严格控制石膏掺量，不仅能使水泥发挥最好的强度，而且能确保水泥体积安定性良好。而石膏掺量过少，则起不到缓凝作用。常采用天然或合成的二水石膏($CaSO_4 \cdot 2H_2O$)。

3. 混合材料

混合材料是指在生产水泥及其各种制品和构件时，常掺入的大量天然或人工矿物材料。掺入混合材料的目的是调整水泥强度等级，扩大使用范围，改善水泥的某些性能，增加水泥的品种和产量，降低水泥成本并且充分利用工业废料，减轻对环境的负担。混合材料按照其参与水化的程度，分为活性混合材料和非活性混合材料两类。

(三)水泥的水化与凝结硬化

水泥加水拌和后，首先是水泥颗粒表面的矿物溶解于水，并与水发生水化反应，最初形成具有可塑性的浆体(称为水泥净浆)，随着水泥水化反应的进行逐渐变稠而失去塑性，这一过程称为水泥的"凝结"。此后，随着水化反应的继续，浆体逐渐变为具有一定强度的坚硬固体水泥石，这一过程称为"硬化"。可见，水化是水泥产生凝结硬化的前提，而凝结硬化则是水泥水化的必然结果。

矿渣水泥、火山灰质水泥、粉煤灰水泥和复合水泥的混合材料掺量都在 15%(质量分数)以上，可把它们称为掺大量混合材料的硅酸盐水泥。其水化要经历"二次水化"过程：第一次是硅酸盐水泥熟料矿物进行水化；第二次是第一次水化产物 $Ca(OH)_2$ 和掺入的石膏作为活性混合材料的激发剂，促使并参与活性混合材料的水化。

水泥石是指水泥硬化后变成的具有一定强度的坚硬固体。在常温下硬化的水泥石，通常是由水化产物、未水化的水泥颗粒内核、孔隙等组成的多相(固、液、气)多孔体系。

(四)水泥的技术要求

《通用硅酸盐水泥》(GB 175—2007)对通用水泥的技术要求见表 3-10。

表 3-10 通用硅酸盐水泥的组分和代号　　　　　　　　　　　　%

品种	代号	组分				
		熟料＋石膏	粒化高炉矿渣	火山灰质混合材料	粉煤灰	石灰石
硅酸盐水泥	P·Ⅰ	100	—	—	—	—
	P·Ⅱ	≥95	≤5	—	—	—
		≥95	—	—	—	≤5
普通硅酸盐水泥	P·O	≥80且<95	>5且≤20①			—
矿渣硅酸盐水泥	P·S·A	≥50且<80	>20且≤50②	—	—	—
	P·S·B	≥30且<50	>50且≤70②	—	—	—
火山灰质硅酸盐水泥	P·P	≥60且<80		>20且≤40③	—	—
粉煤灰硅酸盐水泥	P·F	≥60且<80	—	—	>20且≤40④	—
复合硅酸盐水泥	P·C	≥50且<80	>20且≤50⑤			

①本组分材料为符合《通用硅酸盐水泥》(GB 175—2007)第5.2.3条的活性混合材料，其中允许用不超过水泥质量8%且符合《通用硅酸盐水泥》(GB 175—2007)第5.2.4条的非活性混合材料或不超过水泥质量5%且符合《通用硅酸盐水泥》(GB 175—2007)第5.2.5条的窑灰代替。

②本组分材料为符合《用于水泥中的粒化高炉矿渣》(GB/T 203—2008)或《用于水泥、砂浆和混凝土中的粒化高炉矿渣粉》(GB/T 18046—2017)的活性混合材料，其中允许用不超过水泥质量8%且符合《通用硅酸盐水泥》(GB 175—2007)第5.2.3条的活性混合材料、符合《通用硅酸盐水泥》(GB 175—2007)第5.2.4条的非活性混合材料或符合《通用硅酸盐水泥》(GB 175—2007)第5.2.5条的窑灰中的任一种材料代替。

③本组分材料为符合《用于水泥中的火山灰质混合材料》(GB/T 2847—2005)的活性混合材料。

④本组分材料为符合《用于水泥和混凝土中的粉煤灰》(GB/T 1596—2017)的活性混合材料。

⑤本组分材料为由两种以上(含两种)符合《通用硅酸盐水泥》(GB 175—2007)第5.2.3条的活性混合材料和(或)符合《通用硅酸盐水泥》(GB 175—2007)第5.2.4条的非活性混合材料组成，其中允许用不超过水泥质量8%且符合《通用硅酸盐水泥》(GB 175—2007)第5.2.5条的窑灰代替。掺矿渣时混合材料掺量不得与矿渣硅酸盐水泥重复。

(五)水泥的腐蚀与防治

1. 水泥的腐蚀

水泥的腐蚀主要包括溶出性腐蚀和化学腐蚀。

2. 水泥腐蚀的防治

发生水泥腐蚀的基本原因有：一是水泥石中存在引起腐蚀的成分——氢氧化钙和水化铝酸钙；二是水泥石本身不密实，有很多毛细孔通道，侵蚀性介质容易进入其内部。因此，可采取如下防治措施：

(1)根据腐蚀环境的特点，合理地选用水泥品种。

(2)提高水泥石的密实度。

(3)在混凝土或砂浆表面进行碳化处理，使表面生成难溶的碳酸钙外壳，以提高表面密实度。

3. 水泥质量等级

(1)凝结时间。硅酸盐水泥初凝时间不小于 45 min，终凝时间不大于 390 min；普通硅酸盐水泥、矿渣硅酸盐水泥、火山灰质硅酸盐水泥、粉煤灰硅酸盐水泥和复合硅酸水泥初凝时间不小于 45 min，终凝时间不大于 600 min。

(2)安定性。沸煮法合格。

(3)不同品种、不同强度等级的通用硅酸盐水泥，其不同龄期的强度等级应符合表 3-11 所示的规定。

表 3-11　通用硅酸盐水泥不同龄期的强度等级　　　　　　MPa

品　　种	强度等级	抗压强度		抗折强度	
		3 d	28 d	3 d	28 d
硅酸盐水泥	42.5	≥17.0	≥42.5	≥3.5	≥6.5
	42.5R	≥22.0		≥4.0	
	52.5	≥23.0	≥52.5	≥4.0	≥7.0
	52.5R	≥27.0		≥5.0	
	62.5	≥28.0	≥62.5	≥5.0	≥8.0
	62.5R	≥32.0		≥5.5	
普通硅酸盐水泥	42.5	≥17.0	≥42.5	≥3.5	≥6.5
	42.5R	≥22.0		≥4.0	
	52.5	≥23.0	≥52.5	≥4.0	≥7.0
	52.5R	≥27.0		≥5.0	
矿渣硅酸盐水泥 火山灰质硅酸盐水泥 粉煤灰硅酸盐水泥 复合硅酸盐水泥	32.5	≥10.0	≥32.5	≥2.5	≥5.5
	32.5R	≥15.0		≥3.5	
	42.5	≥15.0	≥42.5	≥3.5	≥6.5
	42.5R	≥19.0		≥4.0	
	52.5	≥21.0	≥52.5	≥4.0	≥7.0
	52.5R	≥23.0		≥4.5	

<h1 align="center">第四节　混凝土</h1>

混凝土是由胶凝材料、粗细集料（或称骨料）和水按适当比例配合，拌合制成的混合物经一定时间硬化而成的人造石材。目前，工程上使用最多的是以水泥为胶凝材料，以石子为粗集料，以砂为细集料，加水并掺入适量外加剂和掺合料拌制的水泥混凝土。

混凝土按表观密度，分为重混凝土、普通混凝土和轻混凝土；按所用胶凝材料，分为水泥混凝土、沥青混凝土、聚合物混凝土等；按用途，分为结构混凝土、防水混凝土、道路混凝土、大体积混凝土等；按生产和施工方法，分为泵送混凝土、喷射混凝土、碾压混凝土、预拌混凝土(商品混凝土)等；按强度等级，分为普通混凝土、高强度混凝土和超高强度混凝土。

一、混凝土的组成材料

混凝土的基本组成材料是水泥、水、砂和石子，另外，还常掺入适量的掺合料和外加剂。

1. 水泥

(1)水泥品种的选择。水泥应根据混凝土工程特点和所处环境、温度及施工条件来选择。一般可采用常用的六大水泥品种。

(2)水泥强度等级的选择。水泥强度等级的选择应与混凝土的设计强度等级相适应。原则上是配制高强度等级的混凝土选用高强度等级的水泥，配制低强度等级的混凝土选用低强度等级的水泥。配制混凝土所用的水泥强度等级推荐表见表 3-12。

表 3-12　配制混凝土所用的水泥强度等级推荐表

预配混凝土强度等级	所选水泥强度等级	预配混凝土强度等级	所选水泥强度等级
C7.5~C25	32.5	C50~C60	52.5
C30	32.5、42.5	C65	52.5、62.5
C35~C45	42.5	C70~C80	62.5

2. 细集料

混凝土用集料按其粒径大小不同，分为细集料和粗集料。粒径为 0.15~4.75 mm 的岩石颗粒称为细集料；粒径大于 4.75 mm 的岩石颗粒称为粗集料。混凝土的细集料主要采用天然砂，有时也可采用人工砂。天然砂按其技术要求分为Ⅰ、Ⅱ、Ⅲ三个类别。

《建设用砂》(GB/T 14684—2011)对所采用的细集料的质量要求主要有以下几个方面：

(1)有害杂质含量。砂中不应混有云母、轻物质、草根、树叶、树枝、塑料、煤块、炉渣等杂物。

(2)含泥量、石粉含量和泥块含量。含泥量、石粉含量和泥块含量过高会增加水泥用量，并使硬化的混凝土强度降低，且容易开裂。

(3)砂的粗细程度和颗粒级配。砂的粗细程度是指不同粒径的砂粒混合在一起后的总体砂的粗细程度。砂通常分为粗砂、中砂、细砂三种规格。在相同砂用量条件下，细砂的总表面积较大，粗砂的总表面积较小。在混凝土中，砂表面需用水泥浆包裹并赋予流动性和黏结强度，砂的总表面积越大，需要包裹砂粒表面的水泥浆就越多。一般用粗砂配制的混凝土比用细砂配制的混凝土所用水泥量要小。

(4)砂的坚固性。砂的坚固性是指砂在气候、环境变化或其他物理因素作用下抵抗破裂的能力，砂的坚固性用硫酸钠溶液检验，试样经 5 次循环后其质量损失应符合表 3-13 所示的规定。

表 3-13　砂的坚固性指标

混凝土所处的环境条件	循环后的质量损失/%
在严寒及寒冷地区室外使用并经常处于潮湿或干湿交替状态下的混凝土	≤8
其他条件下使用的混凝土	≤10

3. 粗集料

普通混凝土常用的粗集料有卵石和碎石。粒径大于 5 mm 的集料颗粒称为石子（5～90 mm）。天然卵石有河卵石、海卵石和山卵石等。河卵石表面光滑、少棱角、比较洁净，有的具有天然级配，而山卵石、海卵石杂质较多，使用前必须加以冲洗，因此，河卵石最为常用。人工碎石干净，而且表面粗糙，富有棱角，与水泥石的界面黏结力大。因此，相同条件下碎石混凝土强度要高于卵石混凝土强度。

(1)有害杂质含量。粗集料中常含有一些有害杂质，如泥块、淤泥、硫化物、硫酸盐、氯化物和有机质。它们的危害与其在细集料中相同，因此，粗集料中也需要控制有害杂质含量。

(2)强度。为保证混凝土的强度，粗集料必须具有足够的强度。碎石和卵石的强度采用岩石抗压强度和压碎指标两种方法进行检验。

压碎指标检验实用方便，用于经常性的质量控制；而在选择采石场或对粗集料有严格要求，以及对质量有争议时，宜对岩石立方体抗压强度进行检验。

(3)颗粒形状及表面特征。为提高混凝土强度和减小集料间的空隙，粗集料比较理想的颗粒形状应是三维长度相等或相近的球形或立方体形颗粒。

集料表面特征主要是指集料表面的粗糙程度及孔隙特征等。碎石表面粗糙而且具有吸收水泥浆的孔隙特征，所以，它与水泥石的黏结能力较强；卵石表面光滑且少棱角，与水泥浆的黏结能力较差，但混凝土拌合物的和易性较好。在相同条件下，碎石混凝土比卵石混凝土强。

4. 水

用水拌合养护混凝土时，不得含有影响混凝土和易性及凝结硬化或有损强度发展、降低耐久性、加快钢筋腐蚀及导致预应力钢筋脆断、污染混凝土表面等的酸盐类或其他物质。有害物质（包括硫酸盐、硫化物、氯化物、不溶物、可溶物等）的含量及 pH 需满足规范要求。

混凝土拌合用水按水源不同，可分为生活饮用水、地表水、地下水、海水，以及经适当处理或处置后的工业废水五类。

符合国家标准的生活饮用水（如自来水）或清洁的地下水、地表水可以用来拌制各种混凝土。海水可用于拌制素混凝土（不配钢筋的混凝土），不得用于拌制钢筋混凝土和预应力混凝土，也不宜用于有饰面要求的混凝土。此外，海水还不得用于高铝混凝土。工业废水及水质不明的地表水、地下水等，需经检验合格后方能使用。

5. 掺合料

混凝土掺合料是指在混凝土（或砂浆）搅拌前或在搅拌过程中为改善混凝土性能，调节其强度等级，节约水泥用量，直接加入的人造或天然的矿物材料以及工业废料，掺量一般大于水泥质量的 5%。

二、混凝土的性能

混凝土的性能包括两个部分：硬化前——和易性；硬化后——强度、耐久性、变形性能。

（一）和易性

混凝土的各组成材料按一定比例配合、搅拌而成的尚未凝固的材料，称为混凝土拌合物，又称新拌混凝土。混凝土拌合物的性质将会直接影响硬化后混凝土的质量。混凝土拌合物的性质好坏可通过和易性来评定。

和易性是指混凝土拌合物易于施工操作（搅拌、运输、浇筑、捣实），并能获得均匀、密实混凝土的性能。和易性是一项综合性的技术指标，包括流动性、黏聚性和保水性三方面的性能。

流动性是指混凝土拌合物在自重或机械工业振捣作用下，能流动并均匀密实地填满模板的性能。

黏聚性是指混凝土各组成材料之间有一定的黏聚力，使混凝土保持整体均匀，在运输和浇筑过程中不致产生分层和离析现象的性能。黏聚性差会影响混凝土的成型、浇筑质量，造成强度下降，耐久性不满足要求。

保水性是指混凝土拌合物保持水分易析出的能力。保水性差的混凝土拌合物，在施工中容易泌水，并积聚到混凝土表面，引起表面疏松，或积聚到集料及钢筋的下表面而形成空隙，从而削弱了集料及钢筋与水泥石的结合力，影响混凝土硬化后的质量并降低混凝土的强度和耐久性。

1. 和易性的测定

混凝土拌合物的和易性内涵比较复杂，难以用一种简单的测定方法和指标来全面、恰当地评价。目前，混凝土拌合物的和易性采用测定和评定相结合的方法进行评价。混凝土流动性可通过测定坍落度、坍落扩展度、维勃稠度等指标来评定。

2. 流动性（坍落度）的选择

混凝土拌合物的坍落度，要根据构件截面大小、钢筋疏密和捣实方法来确定。当构件截面尺寸较小或钢筋较密，或采用人工插捣时，坍落度可选择大些。反之，当构件截面尺寸较大或钢筋较疏，或采用捣动器振捣时，坍落度可选择小些。混凝土拌合物浇筑时的坍落度宜按表 3-14 选用。

表 3-14　混凝土拌合物坍落度的适宜范围

项目	结构特点	坍落度/mm
1	无筋的厚大结构或配筋稀疏的构件(垫层、挡土墙等)	10～30
2	板，梁和大型、中型截面的柱子等	35～50
3	配筋较密的结构(薄壁、筒仓、细柱等)	55～70
4	配筋特密的结构	75～90
注：本表是指采用机械振捣的坍落度，采用人工捣实时坍落度可适当增大。		

3. 和易性的影响因素

（1）水泥浆含量。水泥浆数量多则流动性好，但水泥浆过多则会流浆、泌水、分层和离析，即黏聚性和保水性差，使混凝土的强度、耐久性降低，变形增加。水泥浆过少，则不能充满集料间的空隙和很好地包裹集料颗粒表面，润滑和黏结作用差，使流动性、黏聚性降低，易出现崩坍现象。故水泥浆的数量应以满足流动性为准，不宜过多。

(2)水胶比。水胶比(W/B)是指水的质量与水泥质量之比。在水泥用量一定的前提下，水胶比越小，混凝土拌合物的流动性就越差。当水胶比过小时，会使施工困难，不能保证混凝土的密实性。增大水胶比会使流动性加大，但水胶比过大，又会造成混凝土拌合物的黏聚性和保水性不良，且硬化后强度会降低。因此，水胶比应根据混凝土强度和耐久性要求合理选用。

(3)用水量。混凝土中单位用水量是决定混凝土拌合物流动性的基本因素。当所用粗、细集料的种类、比例一定时，即使水泥用量有适当变化，只要单位用水量不变，混凝土拌合物的坍落度也可以基本保持不变。也就是说，要使混凝土拌合物获得一定值的坍落度，其所需的单位用水量是一个定值。

(4)砂率。砂率是指混凝土中砂的质量占砂石总质量的百分率。砂率的变动会使集料的空隙率和集料的总表面积有明显改变，从而对混凝土拌合物的和易性产生显著的影响。砂率过大时，集料总表面积和空隙率增大，要想保证混凝土拌合物的流动性不变，需要增大水泥用量。若水和水泥用量一定，则混凝土拌合物的流动性将降低；当砂率过小时，又会使集料空隙率增大。要想保证混凝土拌合物的流动性不变，需要增大水泥用量，若水和水泥用量一定，则混凝土拌合物的流动性将降低，所以，砂率应适中。当采用合理砂率时，在用水量及水泥用量一定的情况下，能使混凝土拌合物获得最大的流动性，保持良好的黏聚性和保水性。

(5)外加剂。在拌制混凝土时，加入很少的某种外加剂，如减水剂、引气剂等，能使混凝土拌合物在不增加水泥用量的条件下，获得很好的和易性。

(二)强度

1. 抗压强度与等级

按标准方法制作的边长为 150 mm 的立方体试件，在标准条件[温度(20±3) ℃，相对湿度 90％以上]下，养护到 28 d 龄期，用标准试验方法测得的抗压强度值称为混凝土标准立方体抗压强度(简称立方体抗压强度)。

混凝土立方体抗压强度标准值是测得的混凝土标准立方体抗压强度总体分布中的一个值，强度低于该值的百分率不大于 5％或该值具有 95％强度保证率。

混凝土强度等级是按混凝土立方体抗压强度标准值划分的，并用符号 C 与立方体抗压强度标准值表示，划分为 C15、C20、C25、C30、C35、C40、C45、C50、C55、C60、C65、C70、C75、C80 共 14 个等级，如 C20 表示混凝土立方体抗压强度标准值为 20 MPa。

2. 影响混凝土强度的因素

(1)水泥强度等级和水胶比。水泥强度等级和水胶比是影响混凝土强度的最主要因素。在其他条件相同时，水泥强度等级越高，则混凝土强度越高。在一定范围内，水胶比越小，混凝土强度越高；水胶比大，则用水量多，多余的游离水在水泥硬化后逐渐蒸发，使混凝土中留下许多微细小孔而不密实，从而导致混凝土强度降低。

(2)集料级配。当集料级配良好、砂率适当时，由于组成了坚硬、密实的骨架，会使混凝土强度得到提高。另外，碎石表面粗糙有棱角时，可提高集料与水泥砂浆之间的机械啮合力和黏结力。因此，在原材料、坍落度相同的条件下，用碎石拌制的混凝土比用卵石拌制的混凝土的强度要高。

(3)养护的温度和湿度。养护的温度和湿度是影响水泥水化速度和程度的重要因素，会影响混凝土的强度。在 0 ℃～40 ℃范围内，温度越高，水化越快，强度就越高；反之，强度就越低。而且当温度降到 0 ℃以下时，水泥水化基本停止，反而因水结成冰，体积膨胀，使强度降低。为了满足水泥水化的需要，混凝土浇筑后也须保持一定时间的潮湿。湿度不够将导致失水，会严重影响其强度和耐久性。

(4)龄期。混凝土强度随龄期的增长而逐渐提高。在正常养护条件下，混凝土强度初期(3～7 d)发展快，在 28 d 可达到设计强度等级，此后增长缓慢，甚至可延续几十年之久。

(三)耐久性

混凝土的耐久性是指混凝土在所处环境及使用条件下经久耐用的性能。它是一个综合性的概念，包含的内容很多，如抗渗性、抗冻性、抗侵蚀性、抗碳化反应性能、抗碱-集料反应性能等。

1. 混凝土的抗渗性

混凝土的抗渗性是指混凝土抵抗压力液体(水、油、溶液等)渗透作用的能力。它是决定混凝土耐久性最主要的因素，因为外界环境中的侵蚀性介质只有通过渗透才能进入混凝土内部产生破坏作用。对于受压力液体作用的工程，如地下建筑物、水塔、压力水管、水坝、油罐及港工、海工等，必须要求混凝土具有一定的抗渗性。

2. 混凝土的抗冻性

混凝土的抗冻性是指混凝土在饱水状态下，能经受多次冻融循环而不破坏，同时也不严重降低所具有性能的能力。在寒冷地区，特别是经常接触水又受冻的环境下使用的混凝土，要求具有较高的抗冻性。

混凝土的抗冻性用抗冻等级来表示。抗冻等级是以 28 d 龄期的混凝土标准试件，在饱水后反复冻融循环，以抗压强度损失不超过 25%，且质量损失不超过 5%时所能承受的最大循环次数来确定的，如 F10 表示混凝土能承受冻融循环的最多次数不少于 10 次。

3. 混凝土的碳化

混凝土的碳化弊多利少。由于中性化，混凝土中的钢筋失去碱性保护而锈蚀，并引起混凝土钢筋开裂；碳化收缩会引起微细裂纹使混凝土强度降低。但是碳化时生成的碳酸钙填充在水泥石的孔隙中，对提高混凝土的密实度、防止有害杂质的侵入有一定的缓冲作用。

4. 混凝土的抗侵蚀性

环境介质对混凝土的化学侵蚀主要是对水泥石的侵蚀(这已在水泥部分介绍)。

5. 混凝土碱-集料反应

混凝土碱-集料反应是指混凝土内水泥中的(Na_2O+K_2O)与集料中的活性 SiO_2 反应，生成碱硅酸凝胶(Na_2OSiO_3)，并从周围介质中吸收水分而膨胀，导致混凝土开裂破坏的现象。

(四)变形性能

在混凝土硬化过程中，混凝土由于受到物理、化学和力学因素等影响常会发生各种变形，其可归纳为两个方面，即非荷载作用下的变形和荷载作用下的变形。其中，非荷载作用下的变形包括化学收缩、干湿变形、碳化收缩和温度变形四种。

第五节 建筑砂浆

建筑砂浆是由胶凝材料、细集料、掺合料和水配制而成的建筑工程材料,在建筑工程中起到黏结、衬垫和传递应力的作用。与混凝土相比,建筑砂浆可看作无粗集料的混凝土,有关混凝土的相关规律,也基本适用于建筑砂浆,但建筑砂浆也有其特殊性。

建筑砂浆的种类很多,根据用途不同,可分为砌筑砂浆和抹面砂浆。

一、砌筑砂浆

能够将砖、石、砌块等黏结成为砌体的建筑砂浆,称为砌筑砂浆。它起着黏结砌块和传递荷载的作用,是砌体的重要组成部分。

(一)砌筑砂浆的组成及技术要求

1. 胶结材料

建筑砂浆常用的胶结材料有水泥、石灰、石膏等。在选用时,应根据使用环境、用途等合理选择。在干燥条件下使用的砂浆既可选用气硬性胶凝材料,又可选用水硬性胶凝材料;若为在潮湿环境或水中使用的砂浆,则必须选用水泥作为胶结材料。用于砌筑砂浆的水泥,其强度等级应根据砂浆强度等级进行选择,并应尽量选用中、低强度等级的水泥。水泥强度应为砂浆强度的 4～5 倍,水泥强度等级过高,将使砂浆中水泥用量不足而导致保水性不良。

2. 细集料(砂)

砂浆用细集料主要为天然砂,其质量要求应符合《建设用砂》(GB/T 14684—2011)的规定。砌筑砂浆采用中砂拌制,既可以满足和易性要求,又能节约水泥,因此优先选用中砂。由于砂浆铺设层较薄,应对砂的最大粒径加以限制,其最大粒径不应大于 2.5 mm;毛石砌体宜选用粗砂,其最大粒径应小于砂浆层厚度的 1/5～1/4。砂的含泥量不应超过 5%;强度等级为 M2.5 的水泥混合砂浆,砂的含泥量不应超过 10%。

3. 掺合料

为改善砂浆的和易性,常在砂浆中加无机的微细颗粒的掺合料,如石灰膏、磨细生石灰、消石灰粉及磨细粉煤灰等。采用生石灰时,生石灰应熟化成石灰膏。熟化时应用孔径不大于 3 mm×3 mm 的网过滤,熟化时间不得少于 7 d。沉淀池中贮存的石灰膏,应采取防止干燥、冻结和污染的措施。严禁使用脱水硬化的石灰膏。由块状生石灰磨细得到的磨细生石灰,其细度用 0.080 mm 筛的筛余量不应大于 15%。消石灰粉使用时也应预先浸泡,不得直接用于砌筑砂浆。石灰膏、电石膏试配时的稠度应为(120±5)mm。粉煤灰的品质指标应符合国家有关标准的要求。砌筑砂浆中所掺入的微末剂等有机塑化剂,应经砂浆性能试验合格后方可使用。

4. 水

砂浆拌合用水与混凝土拌合用水的要求基本相同,应选用无有害杂质的洁净水拌合砂浆,未经试验鉴定的污水不能使用。

5. 外加剂

在拌合砂浆时，掺入外加剂可以改善砂浆的某些性能。但使用外加剂时，必须具有法定检测机构出具的该产品的砌体强度型式检验报告，并经砂浆性能试验合格后方可使用。

(二)砌筑砂浆的技术性质

砌筑砂浆的技术性质，主要有新拌砂浆的和易性、硬化后砂浆的强度和黏结力。

1. 和易性

和易性指砂浆拌合物是否便于施工操作，并能保证质量均匀的综合性质，包括流动性和保水性两个方面。

(1)流动性。砂浆的流动性又叫作砂浆的稠度，是指砂浆在自重或外力作用下流动的性能，用沉入度表示。沉入度以砂浆稠度测定仪的圆锥体沉入砂浆内的深度(mm)表示。圆锥沉入深度越大，砂浆的流动性越大，若流动性过大，砂浆易分层、析水；若流动性过小，则不便施工操作，灰缝不易填充，所以，新拌砂浆应具有适宜的稠度。

(2)保水性。保水性是指砂浆拌合物保持水分的能力。保水性好的砂浆在存放、运输和使用过程中，能很好地保持水分，使水分不致很快流失，各组分不易分离，在砌筑过程中容易铺成均匀、密实的砂浆层，能使胶结材料正常水化，最终保证工程质量。砂浆的保水性用分层度表示，先将搅拌均匀的砂浆拌合物一次装入分层度筒，测定沉入度，然后静置30 min 后，去掉上节 200 mm 砂浆，将剩余的 100 mm 砂浆倒出，放在搅拌锅内搅拌 2 min，再测其沉入度，两次测得的沉入度之差即该砂浆的分层度值。砂浆的分层度以 10～20 mm 为宜。分层度过大，砂浆易产生离析，不便于施工和水泥硬化。因此，水泥砂浆分层度不应大于 30 mm，水泥混合砂浆分层度一般不会超过 20 mm；分层度接近零的砂浆，容易发生干缩裂缝。

2. 强度及强度等级

砂浆强度等级是以边长为 70.7 mm 的立方体试块，在标准养护条件[水泥混合砂浆为温度(20±2) ℃，相对湿度 60%～80%；水泥砂浆为温度(20±2) ℃，相对湿度 90%以下]下，用标准试验方法测得 28 d 龄期的抗压强度来确定的。砌筑砂浆的强度等级有 M30、M25、M20、M15、M10、M7.5、M5。

3. 黏结力

砂浆能把许多块状的砖石材料黏结成一个整体。因此，砌体的强度、耐久性及抗震性取决于砂浆黏结力的大小。砂浆的黏结力随抗压强度的增大而提高。另外，砂浆的黏结力与砖石的表面状态、清洁程度、湿润状况及施工养护条件等因素有关。

4. 变形性及抗冻性

砂浆在承受荷载或温湿度条件变化时，均会产生变形。如果变形过大或者不均匀，会降低砌体质量，引起沉陷或裂缝。用轻集料拌合的砂浆，其收缩变形要比普通砂浆大。

在受冻融影响较多的建筑部位，要求砂浆具有一定的抗冻性。对有冻融次数要求的砌筑砂浆，经冻融试验后，质量损失率不得大于 5%，抗压强度损失率不得大于 25%。

二、抹面砂浆

抹面砂浆是涂抹在建筑物或构筑物的表面，既保护墙体，又具有一定装饰性的建筑材料。抹面砂浆要求具有良好的和易性，容易抹成均匀、平整的薄层，便于施工；还应有较高的黏结力，砂浆层应能与底面黏结牢固，长期使用不致开裂或脱落；处于潮湿环境或易受外力作用部位(如地面、墙裙等)时，还应具有较高的耐水性和强度。

根据抹面砂浆功能的不同，抹面砂浆分为普通抹面砂浆、装饰抹面砂浆和特种砂浆(如防水砂浆、保温砂浆、吸声砂浆、耐酸砂浆等)。

(一)普通抹面砂浆

普通抹面砂浆是涂抹在建筑物表面保护墙体，且具有一定装饰性的砂浆。

抹面砂浆应能与基面牢固地黏结，因此，要求砂浆具有良好的和易性及较高的黏结力。抹面砂浆常有两层或三层做法。各层砂浆要求不同，因此，每层所选用的砂浆也不一样(表3-15)。一般底层砂浆起黏结基层的作用，因此，要求砂浆应具有良好的和易性和较高的黏结力，所以，底层砂浆的保水性要好，否则，水分易被基层材料吸收而影响砂浆的黏结力。基层表面粗糙些，有利于与砂浆的黏结。中层抹灰主要是为了找平，有时可省去不用。面层抹灰主要为了平整、美观，因此应选细砂。

表3-15　抹面砂浆流动性及集料最大粒径

抹面层	沉入度	砂的最大粒径/mm
底层	100～120	2.5
中层	70～90	2.5
面层	70～80	1.2

砖墙的底层抹灰，多用石灰砂浆；板条墙或板条顶棚的底层抹灰，多用混合砂浆或石灰砂浆；混凝土墙、梁、柱、顶板等底层抹灰，多用混合砂浆、麻刀石灰浆或纸筋石灰浆。

在容易碰撞或潮湿的地方，应采用水泥砂浆(如墙裙、踢脚板、地面、雨篷、窗台以及水池、水井等)。在硅酸盐砌块墙面上做砂浆抹面或粘贴饰面材料时，最好砂浆层内夹一层事先固定好的钢丝网，以避免日后发生剥落现象。

(二)装饰抹面砂浆

装饰抹面砂浆是用于室内外装饰，以增加建筑物美观为主要目的的砂浆。其底层和中层抹灰与普通抹面砂浆基本相同，主要是装饰抹面砂浆的面层选材有所不同。为了提高装饰抹面砂浆的装饰艺术效果，一般面层选用具有一定颜色的胶凝材料和集料以及采用某些特殊的操作工艺，使装饰面层呈现各种不同的色彩、线条与花纹等。

装饰抹面砂浆所采用的胶凝材料有白色水泥、彩色水泥或在常用的水泥中掺加耐碱矿物颜料配成彩色水泥及石灰、石膏等。集料多为白色、浅色或彩色的天然砂，彩色大理石或花岗石碎屑，陶瓷碎粒或特制的塑料色粒等。

根据砂浆的组成材料不同，装饰抹面砂浆可分为灰浆类砂浆饰面和石碴类砂浆饰面。

灰浆类砂浆饰面是以水泥砂浆、石灰砂浆及混合砂浆作为装饰用材料，通过各种工艺手段直接形成饰面层。饰面层做法除普通砂浆抹面外，还有搓毛面、拉毛灰、甩毛、扒拉灰、假面砖、拉条等做法。

石碴类砂浆饰面是用水泥(普通水泥、白色水泥或彩色水泥)、石碴、水(有时掺入一定量的胶黏剂)制成石碴浆，用不同的做法，造成石碴不同的外露形式，以及水泥与石碴的色泽对比，构成不同的装饰效果，常见的做法有水刷石、水磨石、斩假石、拉假石、干粘石等。

（三）特种砂浆

1. 防水砂浆

防水砂浆是一种制作防水层的抗渗性高的砂浆。砂浆防水层又称为刚性防水层，适用于不受振动和具有一定刚度的混凝土或砌体结构工程，用于地下室、水塔、水池、储液罐等的防水。防水砂浆的防渗效果在很大程度上取决于施工质量。一般采用五层做法，每层约 5 mm，每层在初凝前压实一遍，最后一遍要压光并精心养护。

2. 保温砂浆

保温砂浆又称为绝热砂浆，是采用水泥、石灰、石膏等胶凝材料与膨胀珍珠岩或膨胀蛭石、陶砂等轻质多孔集料按一定比例配合制成的砂浆。保温砂浆具有轻质、保温隔热、吸声等特点，其导热系数为 0.07～0.10 W/(m·K)，可用于屋面保温层、保温墙壁及供热管道保温层等处。常用的保温砂浆有水泥膨胀珍珠岩砂浆、水泥膨胀蛭石砂浆、水泥石灰膨胀蛭石砂浆等。

3. 吸声砂浆

一般由轻质多孔集料制成的保温砂浆都具有吸声性能。另外，吸声砂浆也可以用水泥、石膏、砂、锯末（体积比为 1∶1∶3∶5）配制，或者在石灰、石膏砂浆中掺入玻璃纤维、矿棉等松软纤维材料配制。吸声砂浆主要用于室内墙壁和顶棚的吸声。

4. 耐酸砂浆

用水玻璃与氟硅酸钠拌制而成的耐酸砂浆，有时可加入石英石、花岗石、铸石等粉状细集料。水玻璃硬化后具有很好的耐酸性能。耐酸砂浆可用于耐酸地面、耐酸容器基座以及工业生产中与酸接触的结构部位。在某些会受到酸雨腐蚀的地区，对建筑物进行外墙装修时应用这种耐酸砂浆，这对提高建筑物的耐酸雨腐蚀性能有一定的作用。

5. 防射线砂浆

在水泥砂浆中掺入重晶石粉、重晶石砂，可配制有防 X 射线、γ 射线能力的砂浆。其质量配合比为水泥∶重晶石粉∶重晶石砂＝1∶0.25∶(4～5)。如在水泥中掺入硼砂、硼化物等，可配制具有抗中子射线的防射线砂浆。厚重、气密、不易开裂的砂浆，也可阻止地基中土壤或岩石里的氡（具有放射性的惰性气体）向室内迁移或流动。

6. 膨胀砂浆

在水泥砂浆中加入膨胀剂或使用膨胀水泥，可配制膨胀砂浆。膨胀砂浆具有一定的膨胀特性，可补充一般水泥砂浆由于收缩而产生的干缩开裂。膨胀砂浆还可在修补工程和装配式墙板工程中应用，靠其膨胀作用来填充缝隙，以达到黏结、密封的目的。

第六节　墙体材料

在房屋建设中，墙体不但具有围护功能，而且可以美化环境。组成墙体的材料是建筑工程中十分重要的材料，在房屋建筑材料中占有 70% 的比重。目前，墙体材料的品种较多，总体可归纳为砌墙砖、砌块和墙用板材三大类。

一、砌墙砖

砌墙砖是由黏土、工业废料或其他地方资源为主要原料，以不同工艺制成的在建筑工程中用于砌筑墙体的砖的统称。砌墙砖是房屋建筑工程的主要墙体材料，具有一定的抗压强度，其外形多为直角六面体。

砌墙砖按照生产工艺，分为烧结砖和非烧结砖。经焙烧制成的砖为烧结砖；经碳化或蒸汽(压)养护硬化而成的砖属于非烧结砖。按照孔洞率(砖上孔洞和槽的体积总和与按外廓尺寸算出的体积之比的百分率)的大小，砌墙砖分为实心砖、多孔砖和空心砖。

(一)烧结砖

凡以黏土、页岩、煤矸石、粉煤灰等为原料，经成型、干燥及焙烧所得的用于砌筑承重或非承重墙体的砖，统称为烧结砖。

烧结砖按有无穿孔，可分为烧结普通砖、烧结多孔砖、烧结空心砖。

1. 烧结普通砖

烧结普通砖是指以黏土、页岩、煤矸石、粉煤灰、建筑渣土、淤泥(江河湖淤泥)、污泥等为主要原料，经焙烧而成的主要用于建筑物承重部位的普通砖。

烧结普通砖按所用原材料的不同，可分为黏土砖(N)、页岩砖(Y)、煤矸石砖(M)、粉煤灰砖(F)、建筑渣土砖(Z)、淤泥砖(U)、污泥砖(W)、固体废弃物砖(G)等。

烧结普通砖具有较高的强度，良好的绝热性、透气性和体积稳定性，较好的耐久性及隔热、隔声、价格低等优点，是应用最广泛的砌筑材料之一。在建筑工程中，其主要用作墙体材料。其中，优等品可用于清水墙和墙体装饰，一等品、合格品用于混水墙，而中等泛霜的砖不能用于潮湿部位。烧结普通砖也可用于砌筑柱、拱、烟囱、基础等，还可以与轻集料混凝土、加气混凝土等隔热材料混合使用，或者中间填充轻质材料做成复合墙体，在砌体中适当配置钢筋或钢丝制作柱、过梁作为配筋砌体，代替钢筋混凝土柱或过梁等。

2. 烧结多孔砖

烧结多孔砖即竖孔空心砖，是以黏土、页岩、煤矸石为主要原料，经焙烧而成的主要用于承重部位的多孔砖，其孔洞率为 20% 左右。其按主要原料，分为黏土砖(N)、页岩砖(Y)、煤矸石砖(M)、粉煤灰砖(F)、淤泥砖(U)、固体废弃物砖(G)。烧结多孔砖分为 M 型和 P 型。烧结多孔砖主要用于建筑物的承重墙。M 型砖符合建筑模数，使设计规范化、系列化；P 型砖便于与普通砖配套使用。

3. 烧结空心砖和空心砌块

烧结空心砖是以黏土、页岩、粉煤灰、煤矸石等为主要原料，经焙烧而成的孔洞率大于或等于 40% 的砖。其自重较轻、强度低，主要用于非承重墙和填充墙体。其孔洞多为矩形孔或其他孔型，数量少而尺寸大，孔洞平行于受压面。

《烧结空心砖和空心砌块》(GB/T 13545—2014)规定：烧结空心砖和空心砌块的外形为直角六面体。混水墙用烧结空心砖和空心砌块，应在大面和条面上设有均匀分布的粉刷槽或类似结构，深度不小于 2 mm。

烧结空心砖和空心砌块的长度、宽度、高度尺寸应符合下列要求：

长度规格尺寸(mm)：390、290、240、190、180(175)、140；

宽度规格尺寸(mm)：190、180(175)、140、115；

高度规格尺寸(mm)：180(175)、140、115、90。

其他规格尺寸由供需双方协商确定。

(二)非烧结砖

不经焙烧而制成的砖均为非烧结砖，如碳化砖、免烧免蒸砖、蒸养(压)砖等。目前，应用较广的是蒸养(压)砖，这类砖是以含钙材料(石灰、电石渣等)和含硅材料(砂子、粉煤灰、煤矸石、灰渣、炉渣等)与水拌合，经压制成型，经常压或高压蒸汽养护而成的，其主要品种有蒸压灰砂砖、蒸压粉煤灰砖、炉渣砖等。

1. 蒸压灰砂砖

蒸压灰砂砖(简称灰砂砖)是以石灰和砂为主要原料，经坯料制备、压制成型，再经高压饱和蒸汽养护而成的砖。其外形为直角六面体，规格尺寸为 240 mm×115 mm×53 mm。蒸压灰砂砖在高压下成型，又经过蒸压养护，砖体组织致密，具有强度高、大气稳定性好、干缩率小、尺寸偏差小、外形光滑平整等特性。蒸压灰砂砖色泽淡灰，如配入矿物颜料，则可制得各种颜色的砖，有较好的装饰效果。蒸压灰砂砖主要用于工业与民用建筑的墙体和基础。其中，MU15、MU20、MU25 的蒸压灰砂砖可用于基础及其他部位，MU10 的蒸压灰砂砖可用于防潮层以上的建筑部位。

2. 蒸压粉煤灰砖

蒸压粉煤灰砖是以粉煤灰、生石灰为主要原料，掺加适量石膏等外加剂和其他集料，经胚料制备、压制成型，经高压蒸汽养护而制成的砖。其产品代号为 AFB。蒸压粉煤灰砖按产品代号(AFB)、规格尺寸、强度等级、标准编号的顺序进行标记。如规格尺寸为 240 mm×115 mm×53 mm、强度等级为 MU15 的蒸压粉煤灰砖标记为：AFB240 mm×115 mm×53 mm MU15JC/T239。蒸压粉煤灰砖可用于工业与民用建筑的基础墙体。

3. 炉渣砖

炉渣砖是以煤燃烧后的残渣为主要原料，配以一定数量的石灰和少量石膏，加水搅拌混合、压制成型，经蒸养或蒸压养护而制成的实心砖。炉渣砖可用于一般工业与民用建筑的墙体和基础。

二、砌块

砌块是用于砌筑形体大于砌墙砖的人造块材。砌块一般为直角六面体，也有各种异形的。

砌块按照其系列中主规格高度的大小，分为小型砌块、中型砌块和大型砌块；按有无孔洞，分为实心砌块与空心砌块；按原材料的不同，分为水泥混凝土砌块、粉煤灰砌块、加气混凝土砌块、轻集料混凝土砌块等。

砌块是一种新型墙体材料，可以充分利用地方资源和工业废渣，并可节省黏土资源和改善环境，同时具有生产工艺简单、原料来源广、适应性强、制作及使用方便灵活、可以改善墙体功能等特点，因此发展较快。

1. 蒸压加气混凝土砌块

蒸压加气混凝土砌块(简称加气混凝土砌块)是以钙质材料(水泥、石灰等)和硅质材料

（矿渣、砂、粉煤灰等）以及加气剂（铝粉），经配料、搅拌、浇筑、发气、切割和蒸压养护等工艺制成的一种轻质、多孔墙体材料。

根据《蒸压加气混凝土砌块》（GB 11968—2006）的规定，砌块按尺寸偏差、外观质量、体积密度和抗压强度，分为优等品（A）、一等品（B）、合格品（C）三个质量等级。

蒸压加气混凝土砌块质量轻，表观密度约为烧结普通砖的 1/3，具有保温及耐火性好、抗震性能强、易于加工、施工方便等特点。它适用于低层建筑的承重墙、多层建筑的隔墙及高层框架结构的填充墙，也可用于复合墙板和屋面结构。但在无可靠的防护措施时，不得用于风中或高湿度及有侵蚀介质的环境中，也不得用于建筑物的基础和温度长期高于 80 ℃的建筑部位。

2. 粉煤灰砌块

粉煤灰砌块又称为粉煤灰硅酸盐砌块。它是以粉煤灰为主要原料，一般以炉渣作为粗集料，以石灰、石膏作为胶结材料，经加水拌合、振动成型、蒸汽养护而成的密实砌块。

粉煤灰砌块的主规格尺寸有 880 mm×380 mm×240 mm 和 880 mm×430 mm×240 mm 两种。按立方体试件的抗压强度，粉煤灰砌块分为 10 级和 13 级两个强度等级；按外观质量、尺寸偏差和干缩性能，粉煤灰砌块分为一等品（B）和合格品（C）两个质量等级。粉煤灰砌块的干缩值比水泥混凝土大，弹性模量低于同强度的水泥混凝土制品。粉煤灰砌块适用于一般工业与民用建筑的墙体和基础，但不宜用于长期受高温（如炼钢车间）和经常处于潮湿环境中的承重墙，也不宜用于受酸性介质侵蚀的建筑部位。

3. 普通混凝土小型空心砌块

混凝土小型空心砌块是以水泥、砂石等普通混凝土材料制成的，如图 3-5 所示，孔洞率为 25%～50%。它分为承重砌块和非承重砌块两类。为减轻自重，非承重砌块也可用炉渣或其他轻质集料配制。

普通混凝土小型空心砌块具有强度较高、自重较轻、耐久性好、外表尺寸规整等优点，部分类型的混凝土砌块还具有美观的饰面及良好的保温隔热性能，适用于建造抗震设防烈度为 8 度及 8 度以下地区的各种建筑墙体，包括高层与大跨度的建筑，也可用于围墙、桥梁、挡土墙、花坛等市政设施，应用十分广泛。

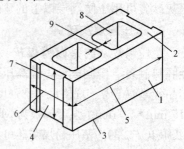

图 3-5　混凝土小型空心砌块示意

1—条面；2—坐浆面（肋厚较小的面）
3—铺浆面（肋厚较大的面）；4—顶面
5—长度；6—宽度；7—高度
8—壁；9—肋

三、墙用板材

墙用板材是一种复合材料，其特点有质轻、节能、施工方便、快捷、使用面积大、开间布置灵活等，其发展前景广阔。墙用板材常用的品种有水泥类墙用板材、水泥刨花板、石膏类墙用板材、复合墙板等。

（一）水泥类墙用板材

水泥类墙用板材具有较好的力学性能和耐久性，生产技术成熟，产品质量可靠，可用于承重墙、外墙和复合墙板的外层面。其主要缺点是表观密度大、抗拉强度低（大板在起吊过程中易受损）。在生产中可制作预应力空心板材，以减轻自重和改善隔声、隔热性能，也可制作纤维等增强的薄型板材。

1. 预应力混凝土空心墙板

预应力混凝土空心墙板的构造如图 3-6 所示,使用时可按要求配以保温层、外饰面层和防水层等。该类板的长度为 1 000～1 900 mm,宽度为 600～1 200 mm,总厚度为 200～480 mm,可用于承重或非承重外墙板、内墙板、楼板、屋面板和阳台板等。

2. 玻璃纤维增强水泥轻质多孔隔墙条板

玻璃纤维增强水泥轻质多孔隔墙条板是以耐碱玻璃纤维为增强材料,以低碱度水泥(硫铝酸盐水泥)、轻集料及水为基材,通过一定的工艺过程制成的具有若干孔洞的条形板材。

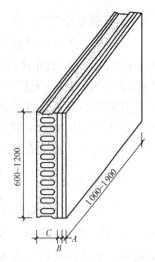

图 3-6 预应力混凝土空心墙板的构造
A—外饰面层;B—保温层
C—预应力混凝土空心墙板

(二)水泥刨花板

以水泥为胶凝材料,以木质材料(木材加工剩余物、小茎材、树桠材或植物纤维中的蔗渣、棉秆、秸秆、棕榈、亚麻秆等)的刨花碎料为增强材料,外加适量的化学助凝剂和水,采用半干法生产工艺,在受压状态下完成水泥与木质材料的固结而形成的板材,称为水泥刨花板。其规格尺寸:长度为 2 600～3 200 mm,宽度为 1 250 mm,厚度为 8～40 mm。其特性是质轻、隔声、隔热、防火、防水、抗虫蛀及可锯、可钉、可胶合、可装饰等,适合作为建筑物的隔墙板、吊顶板、地板、门芯等。

(三)石膏类墙用板材

石膏类墙用板材具有质轻、绝热、吸声、防火、尺寸稳定及施工方便等优点,在建筑工程中得以广泛应用,是一种发展前景广阔的新型建筑材料,主要有纸面石膏板、纤维石膏板、石膏空心条板等。

1. 纸面石膏板

纸面石膏板是以建筑石膏(半水石膏)为胶凝材料,掺入适量添加剂和纤维作为板芯,以特制的护面纸作为面层的一种轻质板材。纸面石膏板按其特性,分为普通纸面石膏板、耐水纸面石膏板、耐火纸面石膏板、耐水耐火纸面石膏板四类。普通纸面石膏板是以建筑石膏为主要原料,掺入适量轻集料、纤维增强材料和外加剂构成芯材,并与具有一定强度的护面纸牢固地粘在一起的建筑板材;若在芯材配料中加入耐水外加剂,并与耐水护面纸牢固地粘在一起,即可制成耐水纸面石膏板;若在芯材配料中加入无机耐火纤维和阻燃剂等,并与护面纸牢固地粘在一起,即可制成耐火纸面石膏板。

纸面石膏板主要用于隔墙、内墙及室内吊顶,使用时须安装龙骨以固定石膏板。

2. 纤维石膏板

纤维石膏板是由建筑石膏、纤维材料(废纸纤维或有机纤维)、多种添加剂和水经特殊工艺制成的石膏板,可分为单层均质板、三层板和轻质石膏纤维板。其规格尺寸与纸面石膏板基本相同,强度高于纸面石膏板。其特性为尺寸稳定性好、防火、防潮、隔声、可锯、可钉、可装饰。另外,它还对室内空气的湿度有一定的调节作用,且不产生有害挥发物,可用于工业与民用建筑中的隔墙、吊顶,并可在一定程度上代替木材。

3. 石膏空心条板

石膏空心条板是以建筑石膏为胶凝材料，加入各种轻质集料（如膨胀珍珠岩、膨胀蛭石等）和无机纤维增强材料，经搅拌、振动成型、抽芯模、干燥而成的板材。其长度为 2 400～3 000 mm，宽度为 600 mm，厚度为 60 mm。

石膏空心条板具有质轻、强度高、隔热、隔声、防火性能好、可加工性好等优点，且安装墙体时不用龙骨，简单方便。它适用于各类建筑的非承重内墙；用于相对湿度大于 75% 的环境时，板材表面应作防水等相应处理。

（四）复合墙板

复合墙板是用两种或两种以上具有完全不同性能的材料，经过一定的工艺过程制造而成的建筑预制品。复合墙板分为复合外墙板和复合内墙板。复合外墙板一般为整开间板或条式板。复合内墙板一般为条式板。复合墙板可以将不同类型板材的优点结合到一起，从而满足墙体的多功能要求（既能满足建筑节能要求，又能满足防水、强度要求）。

1. 混凝土夹心板

混凝土夹心板是以 20～30 mm 厚的钢筋混凝土作为内、外表面层，中间填以矿渣毡、岩棉毡或泡沫混凝土等保温材料，内、外两层面板以钢筋件连接的板材，可用于内、外墙。

2. 金属夹心板材

金属夹心板材是以厚度为 0.5～0.8 mm 的金属板为面材，以硬质聚氨酯泡沫塑料或聚苯乙烯泡沫塑料或岩棉等绝热材料为芯材，经过黏合而成的夹芯式板材。其特点是质轻、强度高、有高效绝热性、施工方便快捷、可多次拆卸、可重复安装使用、有较高的灵活性。其可用于冷库、仓库、工厂车间、仓储式超市、商场、办公楼、旧楼房加层、战地医院、展览场馆、体育场馆及候机楼等建筑。使用的金属面材主要有彩色喷钢板、彩色喷涂镀铝锌板、镀锌钢板、不锈钢板、铝板、钢板。目前，较为流行的金属面为彩色喷涂钢板。

3. 轻型夹心板

轻型夹心板是用轻质、高强的薄板作为面层，中间以轻质的保温隔热材料为芯材组成的复合板材。其中，用于面层的薄板有不锈钢板、彩色涂层钢板、铝合金板、纤维增强水泥薄板等；芯材有岩棉毡、玻璃棉毡、矿渣棉毡、阻燃型发泡聚苯乙烯、阻燃型发泡硬质聚氨酯等。轻型夹心板的性能与适用范围和泰柏板基本相同。

第七节　建筑钢材

建筑钢材是指用于工程建设的各种钢材，包括钢结构用的各种型钢（圆钢、角钢、槽钢和工字钢）、钢板，钢筋混凝土用的各种钢筋、钢丝和钢绞线，除此之外，还包括用作门窗和建筑五金等的钢材。

建筑钢材强度高、品质均匀，具有良好的塑性和韧性，能承受冲击和振动荷载，易于加工装配，施工方便。因此，建筑钢材被广泛用于建筑工程。

建筑钢材的缺点是容易生锈、维护费用大、耐火性差。

一、建筑钢材的分类

建筑钢材的分类如图 3-7 所示。

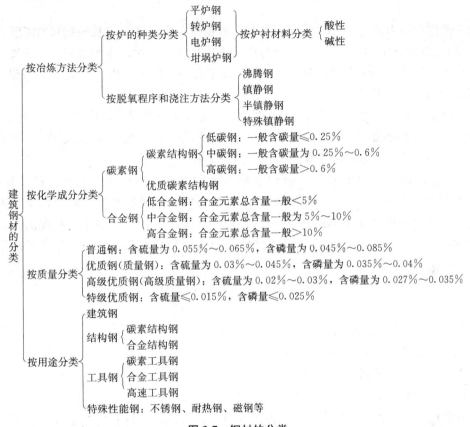

图 3-7　钢材的分类

目前，建筑工程中常用的钢种是普通碳素结构钢和普通低合金结构钢。

二、建筑钢材的主要技术性能

钢材的力学性能、工艺性能是评定钢材质量的技术依据。只有掌握钢材的各种性能，才能正确、合理地选择和使用钢材。

（一）力学性能

1. 抗拉性能

抗拉性能是钢材最主要的技术性能。通过拉伸试验，可以测得钢材的屈服程度、抗拉强度和伸长率这三个重要的技术性能指标。

关于钢材的抗拉性能，可以用低碳钢受拉时的应力-应变（$\sigma\varepsilon$）来描述，如图 3-8 所示。

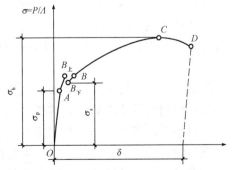

图 3-8　低碳钢受拉时的应力-应变图

从图 3-8 可以看出，低碳钢从受拉至拉断，可分为以下四个阶段：

(1)弹性阶段(OA)。在该阶段，随着荷载的增加，应力和应变成正比增加。如卸去荷载，试件将恢复原状，表现为弹性变形。与 A 点相对应的应力为弹性极限，用 σ_p 表示。

这一范围内应力-应变比值为常量，称为弹性模量，用 E 表示，反映钢材的刚度。

(2)屈服阶段 AB。在该阶段，应力与应变不成比例，开始产生塑性变形，应变增加速度大于应力增长速度。图中 B_F 为屈服下限，被定义为屈服点，用 σ_s 表示。一般设计中以屈服点作为强度取值依据。

(3)强化阶段 BC。过 B 点后，抗塑性变形的能力又重新提高，变形发展速度比较快，随着应力的提高而增强，对应于最高点 C 的应力，称为抗拉强度，用 σ_b 表示。工程中一般用屈强比(σ_s/σ_b)来反映钢材的安全可靠程度和利用率。

(4)颈缩阶段 CD。过 C 点后，材料变形迅速增大，应力反而下降，试件在拉断前，于薄弱处截面显著缩小，产生"颈缩现象"，直至断裂。钢材的塑性指标有两个，都是表示外力作用下产生塑性变形的能力：一是伸长率 δ(即标距的伸长与原始长度的百分比)，二是断面收缩率 φ(即试件拉断后，颈缩处横截面面积的最大缩减量与原始横截面积的百分比)，用公式表示为

$$\delta=(L_1-L_0)/L_0\times100\%$$
$$\varphi=(A_0-A_n)/A_0\times100\%$$

式中　L_0——试件标距原始长度(mm)；

　　　L_1——试件拉断后标距长度(mm)；

　　　A_0——试件原始截面面积(mm^2)；

　　　A_n——试件拉断时断口截面面积(mm^2)。

塑性指标中，伸长率 δ 的大小与试件尺寸有关，常用的试件长度规定为其直径的 5 倍或 10 倍，伸长率分别用 δ_5 或 δ_{10} 表示。通常以伸长率 δ 的大小来区别塑性的好坏。伸长率越大，表示塑性越好。

对于一般非承重结构或由构造决定的构件，只要保证钢材的抗拉强度和伸长率即能满足要求；对于承重结构，则必须保证钢材的抗拉强度、伸长率、屈服强度三项指标合格。

2. 冲击韧性

钢材抵抗冲击荷载而不破坏的能力称为冲击韧性，它是以试样中断时缺口处单位截面面积所消耗的功(J/cm^2)来表示的，符号为 α_k。试验时将试样放置在固定支座上，然后把由于被抬高而具有一定位能的摆锤释放，使试样承受冲击弯曲以致断裂，如图 3-9所示。

影响钢材冲击韧性的因素很多，如钢材的化学成分、内在缺陷、加工工艺及环境温度都会影响钢材的冲击韧性。试验表明，冲击韧性随温度的降低而下降，其规律是开始时下降较平缓，当达到一定温度范围时，冲击韧性会突然下降很多而呈脆性，这种脆性称为钢材的冷脆性。这时的温度称为脆性转变温度，如图 3-10 所示。其数值越小，说明钢材的低温冲击性能越好，因此，在负温下使用的结构，应当选用脆性转变温度低于使用温度的钢材。

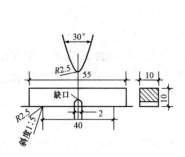

图 3-9　冲击韧性试验示意

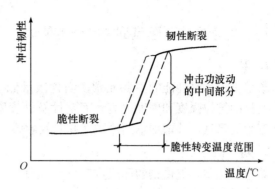

图 3-10　钢材的冲击韧性与温度的关系

(二)工艺性能

1. 冷弯性能

冷弯是指钢材在常温下承受弯曲变形的能力。冷弯是通过检验试件经规定的弯曲程度后，弯曲处拱面及两侧面有无裂纹、起层、鳞落和断裂纹等情况进行评定的，一般用弯曲角度 α 及弯心直径 d 与钢材的厚度或直径 a 的比值来表示。如图 3-11 所示，弯曲角度越大，d 与 a 的比值越小，表明冷弯性能越好。

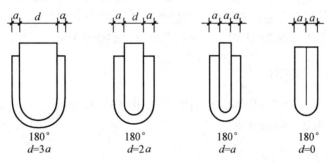

图 3-11　钢材冷弯

冷弯也是检验钢材塑性的一种方法，其与伸长率存在有机的联系，伸长率大的钢材，其冷弯性能必然好，但冷弯检验对钢材塑性的评定比拉伸试验更严格、更敏感。冷弯有助于暴露钢材的某些缺陷，如气孔、杂质和裂纹等，在焊接时，局部脆性及接头缺陷都可通过冷弯发现，所以，也可以用冷弯的方法检验钢材的焊接质量。对于重要结构和弯曲成型的钢材，冷弯必须合格。

2. 焊接性能

焊接是各种型钢、钢板、钢筋的重要连接方式。建筑工程的钢结构有 90％以上是焊接结构。焊接性能好的钢材，焊接后的焊头牢固，硬脆倾向小，焊缝强度不低于原有钢材。因此，焊接性能是钢材加工中必须测定和评定的性能。

3. 冷加工强化处理性能

将钢材于常温下进行冷拉、冷拔或冷轧，使之产生塑性变形，从而提高强度。但钢材的塑性和韧性会降低，这个过程称为冷加工强化处理。

三、化学成分对建筑钢材性能的影响

1. 碳

碳是决定钢材性能的主要元素。当含碳量低于 0.8%（质量分数）时，随着含碳量的增加，钢材的抗拉强度和硬度提高，而塑性及韧度降低。同样，还将使钢的冷弯、焊接及抗腐蚀等性能降低，并增加钢的冷脆性和时效敏感性。

2. 磷、硫

磷与碳相似，能使钢的屈服点和抗拉强度提高，塑性和韧度下降，显著增加钢的冷脆性，焊接时焊缝容易产生冷裂纹。

硫在钢材中以 FeS 的形式存在，是极为有害的成分，在钢材的热加工中易引起钢的脆裂，称为热脆性。硫的存在还使钢材的冲击韧度、疲劳强度、腐蚀稳定性、可焊性降低。因此，硫的含量要严格控制。

3. 氧、氮

氧、氮也是钢材中的有害元素，能显著降低钢材的塑性和韧度、冷弯性能和可焊性。

4. 硅、锰

含有少量硅对钢材是有益的，当其含量在 1%（质量分数）以内时，可提高强度，对塑性和韧度没有明显影响。但当含硅量超过 1%时，钢材的冷脆性增加，可焊性变差。锰能消除钢材的热脆性，改善其热加工性能，在保持原有塑性和冲击韧度的条件下，显著提高钢材的强度。但锰的含量不得大于 1%（质量分数），否则会降低钢材的塑性及韧度，使其可焊性变差。

四、建筑钢材的应用

建筑工程用钢分为钢结构用钢和钢筋混凝土用钢两类，前者主要包括型钢、钢板和钢管，后者主要包括钢筋、钢丝和钢绞线。

（一）钢结构用钢

建筑钢结构近年来发展较快，特别是在高层钢结构、轻钢厂房钢结构、塔桅钢结构、大型公共建筑的网架结构等方面发展十分迅速。

1. 碳素结构钢

《碳素结构钢》(GB/T 700—2006)对碳素结构钢的牌号、表示方法、代号和符号、技术要求、试验方法、检验规则等作了具体规定。

碳素结构钢按屈服点的数值(MPa)分为 Q195、Q215、Q235、Q275 共四个牌号，钢的牌号用于表明钢材的种类，由代表屈服强度的字母 Q、屈服强度数值、质量等级符号和脱氧方法符号四个部分按顺序组成。碳素结构钢按硫、磷杂质的含量由多到少分为 A、B、C、D 四个质量等级；按脱氧程度不同分为特殊镇静钢(TZ)、镇静钢(Z)和沸腾钢(F)。对于镇静钢和特殊镇静钢，在钢的牌号中予以省略。如 Q235－A.F，表示屈服点为 235 MPa 的 A 级沸腾钢；Q235－C 表示屈服点为 235 MPa 的 C 级镇静钢。由此可见，通过牌号可大致判断钢材的质量及碳等化学成分的含量。

碳素结构钢的技术要求包括化学成分、力学性能、冶炼方法、交货状态及表面质量五个方面，应分别符合《碳素结构钢》(GB/T 700—2006)的相应要求。

钢材随钢号的增大，含碳量增加，强度和硬度相应提高，而塑性和韧度则降低。

建筑工程中应用最广泛的是 Q235 钢，它的特点是既具有较高的强度，又具有较好的塑性、韧度，同时还具有较好的可焊性。其综合性能好，能满足一般钢结构和钢筋混凝土用钢要求，且成本较低。其可用于轧制型钢、钢板、钢管与钢筋。

Q195、Q215 钢强度较低，塑性、韧度、加工性能及可焊性较好；而 Q275 钢强度较高，塑性、韧度较差，耐磨性较好，可焊性较差。

2. 低合金高强度结构钢

低合金高强度结构钢是在碳元素结构钢的基础上，添加少量的一种或几种合金元素（合金总量小于 5%）的一种结构钢。加入合金元素的目的是提高钢的屈服强度、耐磨性、耐蚀性及耐低温性能，而且与使用碳元素钢相比，可节约钢材 20%～30%，成本并不很高，所以是一种综合性能较好的建筑钢材。

低合金高强度结构钢分为镇静钢和特殊镇静钢两类。其牌号的表示方法由屈服点字母 Q、屈服点数值、质量等级（分 A、B、C、D、E 五个等级）三个部分组成。

低合金高强度结构钢强度高，耐磨性、耐腐蚀性、耐低温性、加工性、焊接性能等综合性能均比较好，广泛应用于工程中。

(二)钢筋混凝土用钢

目前，钢筋混凝土用钢主要有热轧钢筋、冷拉钢筋、冷拔低碳钢丝、冷轧带肋钢筋、冷轧扭钢筋、热处理钢筋和预应力混凝土用钢丝及钢绞线等。

1. 热轧钢筋

钢筋按外形分为光圆钢筋和带肋钢筋。光圆钢筋的横截面为圆形，且表面光滑；带肋钢筋表面上有两条对称的纵肋和沿长度方向均匀分布的横肋。带肋钢筋中，横肋的纵、横面高度相等且与纵肋相交的钢筋称为等高肋钢筋；横柱的纵、横面呈月牙形且与纵肋不相交的钢筋称为月牙肋钢筋，如图 3-12 所示。与光圆钢筋相比，带肋钢筋与混凝土之间的黏结力大，共同工作的性能更好。

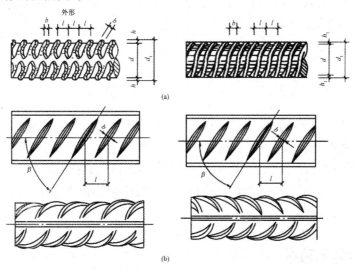

图 3-12　带肋钢筋

(a)等高肋钢筋；(b)月牙肋钢筋

根据《钢筋混凝土用钢 第 1 部分：热轧光圆钢筋》(GB 1499.1—2017)及《钢筋混凝土用钢 第 2 部分：热轧带肋钢筋》(GB 1499.2—2018)的规定，热轧带肋钢筋的牌号由 HRB 或 HRBF 和屈服点最小值表示，H、R、B、F 分别为热轧(Hot rolled)、带肋(Ribbed)、钢筋(Bars)、细(Fine)四个词的英文首字母；热轧光圆钢筋现已淘汰 HPB235，全部采用牌号为 HPB300 的钢筋。另外，热轧带肋钢筋按屈服强度特征值分为 400 级、500 级、600 级。

热轧光圆钢筋的强度较低，但塑性及焊接性能很好，便于各种冷加工，因此广泛用作普通钢筋混凝土构件的受力钢筋及各种钢筋混凝土结构的构造筋；HRB400、HRBF400 钢筋强度较高，塑性和焊接性能也较好，故广泛用作大、中型钢筋混凝土结构的受力钢筋；HRB500、HRBF500、HRB600、HRBF600 钢筋强度高，但塑性和焊接性能较差，可用作预应力钢筋。

2. 冷拉钢筋

将热轧钢筋在常温下拉伸至超过屈服点的某一应力，然后卸荷即制成冷拉钢筋。冷拉可使屈服点提高 17%～27%、材料变脆、屈服阶段变短、伸长率降低、冷拉时效后强度略提高。冷拉既可以节约钢材，又可以制成预应力钢筋，增加了品种规格，设备简单，易于操作。其是钢筋冷加工的常用方法之一。其中，CRB550 为普通钢筋混凝土用钢筋，其他牌号为预应力混凝土用钢筋。

3. 冷轧带肋钢筋

冷轧带肋钢筋是热轧圆盘条经冷轧后，在其表面带有沿长度方向均匀分布的三面或两面横肋的钢筋。

《冷轧带肋钢筋》(GB 13788—2017)规定，冷轧带肋钢筋牌号由 CRB 和钢筋的抗拉强度最小值构成，高延性冷轧带肋钢筋牌号由 CRB、钢筋抗拉强度最小值和 H 构成，C、R、B、H 分别为冷轧(Cold rolled)、带肋(Ribbed)、钢筋(Bar)、高延性(High elongation)四个词的英文首字母，冷轧带肋钢筋分为 CRB550、CRB650、CRB800、CRB600H、CRB680H、CRB800H 六个牌号。CRB550、CRB600H 为普通钢筋混凝土用钢筋，CRB650、CRB800、CRB800H 为预应力混凝土用钢筋，CRB680H 既可作为普通钢筋混凝土用钢筋，也可作为预应力混凝土用钢筋。

本章小结

本章主要介绍了建筑材料的定义、分类、技术标准，建筑材料的物理性能与力学性能，气硬性胶凝材料和水硬性胶凝材料的性能与应用，混凝土的组成、性能，建筑砂浆的组成、性能，墙体材料的性能，建筑钢材的分类、性能、应用等。通过本章的学习，学生能对常用建筑材料的性能、应用有基本的认识，具备正确选用建筑材料的能力。

思考与练习

1. 什么是密度、表观密度、堆积密度？

2. 什么是材料的孔隙率、空隙率、密实度、填充率？

3. 什么是材料的耐久性？

4. 什么是混凝土的和易性？其包括哪些性能？

5. 影响混凝土强度的因素有哪些？

6. 简述烧结普通砖的性能与应用。

7. 简述化学成分对钢材性能的影响。

第四章　建筑设计

学习目标

1. 熟悉建筑设计的内容；掌握建筑设计的程序的依据；明确建筑设计的要求。

2. 了解建筑平面总设计；掌握建筑平面组合设计。

3. 明确建筑体型与立面设计要求；理解建筑体型组合方式与转角、交接处理方法；理解建筑立面设计的重点。

4. 掌握建筑剖面空间组合设计的原则和形式。

能力目标

1. 具备在设计、施工过程中把握实际工程建筑各部分尺寸、位置、形式等的能力。

2. 能对建筑平面设计、体型与立面设计、剖面设计的原则、要求、形式有基础认知。

第一节　建筑设计概述

建筑工程设计是指设计一个建筑物或建筑群所要做的全部工作，包括建筑设计、结构设计、设备设计三个方面的内容。

一、建筑设计的内容

建筑设计是在总体规划的前提下，根据设计任务书的要求，综合考虑场地环境、使用功能、材料设备、建筑经济及艺术等问题，着重解决建筑物内部各种使用功能和使用空间的合理安排，建筑物与周围环境、外部条件的协调配合，内部和外部的艺术效果，细部的构造方案等，创作出既具科学性又具艺术性的生活和生产环境。建筑设计包括总体设计和单体设计两方面，一般是由建筑师来完成的。

二、建筑设计的程序

建筑设计的程序根据工程复杂程度、规模大小及审批要求，通常可分为初步设计和施工图设计两个阶段。对于技术复杂的大型工程，可增加技术设计阶段。

(一)设计前的准备工作

为了保证设计质量，设计前必须做好充分的准备。准备工作包括查阅必要的批文、熟悉设计任务书、收集必要的设计资料、设计前的调研等几方面的内容。

1. 查阅必要的批文

必要的批文包括主管部门的批文和城市建设部门同意设计的批文。建设单位必须具有以上两种批文才可向设计单位办理委托设计手续。

2. 熟悉设计任务书

设计任务书是经上级主管部门批准提供给设计单位进行建筑设计的依据性文件，一般包括下列内容：

(1)建设项目总的要求、用途、规模及一般说明。

(2)建设项目的组成、单项工程的面积、房间组成和面积分配及使用要求。

(3)建设项目的投资及单项工程造价、土建设备及室外工程的投资分配。

(4)建设场地大小、形状、地形，原有建筑及道路现状，并附地形测量图。

(5)供电、给水排水、采暖及空调等设备方面的要求，并附有水源、电源的使用许可文件。

(6)设计期限及项目建设进度计划安排要求。

3. 收集必要的设计资料

必要的设计资料主要包括气象资料、场地地形及地质水文资料、水电等设备管线资料、设计项目的国家有关定额等。

4. 设计前的调研

设计前的调研的内容包括对建筑物的使用要求、建筑材料供应和施工等技术条件、场地踏勘及当地传统的风俗习惯的调研。

(二)初步设计阶段

按照我国现行的制度，在建设项目设计招标投标过程中中标的设计单位，与建设方签订委托设计合同，并随之进入正式的设计程序。初步设计是建筑设计的第一阶段，它的任务是综合考虑建筑功能、技术条件、建筑形象等因素而提出设计方案，并进行方案的比较和优化，确定较为理想的方案，征得建设单位同意后报有关的建设监督和管理部门批准为实施方案。初步设计的内容一般包括设计说明书、设计图纸、主要设备材料表和工程概算四部分。

(三)技术设计阶段

技术设计阶段的主要任务是在初步设计的基础上协调、解决各专业之间的技术问题。经批准后的技术设计图纸和说明书即编制施工图、主要材料设备订货及工程拨款的依据文件。技术设计的图纸和文件与初步设计大致相同，但更详细些。要求在各专业工种之间提供资料、提出要求的前提下，共同研究和协调编制拟建工程各工种的图纸和说明书，为各工种编制施工图打下基础。

对于不太复杂的工程，技术设计阶段可以省略，把这个阶段的一部分工作纳入初步设计阶段，称为"扩大初步设计"，另一部分工作则留待施工图设计阶段进行。

(四)施工图设计阶段

施工图设计是建筑设计的最后阶段，施工图是提交施工单位进行施工的设计文件。在初步设计文件和建筑概算得到上级主管部门审批同意后，方可进行施工图设计。施工图设计的原则是满足施工要求，解决施工中的技术措施、用料及具体做法。其任务是编制满足施工要求的整套图纸。

施工图设计的内容包括建筑、结构、水、电、采暖和空调通风等专业的设计图纸，工程说明书，结构及设备计算书和工程预算书。具体图纸和文件如下：

(1)设计说明书。设计说明书包括施工图设计依据、设计规模、面积、标高定位、用料说明等。

(2)建筑总平面图。建筑总平面图的比例可选用 1∶500、1∶1 000、1∶2 000。应标明建筑用地范围，建筑物及室外工程(道路、围墙、大门、挡土墙等)的位置、尺寸、标高、绿化及环境设施的布置，并附必要的说明、详图及技术经济指标，地形及工程复杂时应绘制竖向设计图。

(3)建筑物各层平面图、剖面图、立面图。建筑物各层平面图、剖面图、立面图比例可选用 1∶50、1∶100、1∶200。除表达初步设计或技术设计内容以外，还应详细标出门窗洞口、墙段尺寸及必要的细部尺寸、详图索引。

(4)建筑构造详图。建筑构造详图包括平面节点、檐口、墙身、门窗、室内装修、立面装修等详图。应详细表示各部分构件关系、材料尺寸及做法、必要的文字说明。根据节点需要，比例可分别选用 1∶20、1∶10、1∶5、1∶2、1∶1 等。

(5)各专业相应配套的施工图纸，如基础平面图，结构布置图，水、暖、电平面图及系统图等。

(6)工程预算书。在施工图文件完成后，设计单位应将其经由建设单位报送有关施工图审查机构，进行强制性标准、规范执行情况等内容的审查。经由审查单位认可或按照其意见修改并通过复审且提交规定的建设工程质量监督部门备案后，施工图设计阶段完成。若建设单位要求设计单位提供施工图预算，设计单位应给予配合。

三、建筑设计的依据

(一)建筑空间尺度的要求

人体尺度及人体活动所需的空间尺度直接决定着建筑物中家具、设备的尺寸，踏步阳台、栏杆高度，门洞、走廊、楼梯宽度和高度及各类房间的高度和面积大小，是确定建筑空间的基本依据之一。我国成年男子和成年女子的平均身高分别为 1 670 mm 和 1 560 mm，人体尺度和人体活动所需的空间尺度如图 4-1 所示，房间内家具设备的尺寸及人们使用它们所需活动空间是确定房间内部使用面积的重要依据，如图 4-2 所示。

(二)自然条件的影响

1. 气候条件的影响

建设地区的温度、湿度、日照、雨雪、风向、风速等对建筑物的设计有较大的影响，也是建筑设计的重要依据。例如，湿热地区的房屋设计要很好地考虑隔热、通风和遮阳等问题，建筑处理较为开敞；干冷地区则要考虑防寒保温，建筑处理较为紧凑、封闭；雨量较大的地区要特别注意屋顶形式、屋面排水方案的选择及屋面防水构造的处理。另外，日照情况和主导风向通常是确定房屋朝向和间距的主要因素，风速是高层建筑、电视塔等高耸建筑物设计中考虑结构布置和建筑体型的重要因素。

在设计前，需收集当地有关的气象资料作为设计的依据。图 4-3 所示为我国部分城市的风向频率玫瑰图，图中粗实线表示全年风向频率，细实线表示冬季风向频率，虚线表示夏季风向频率。

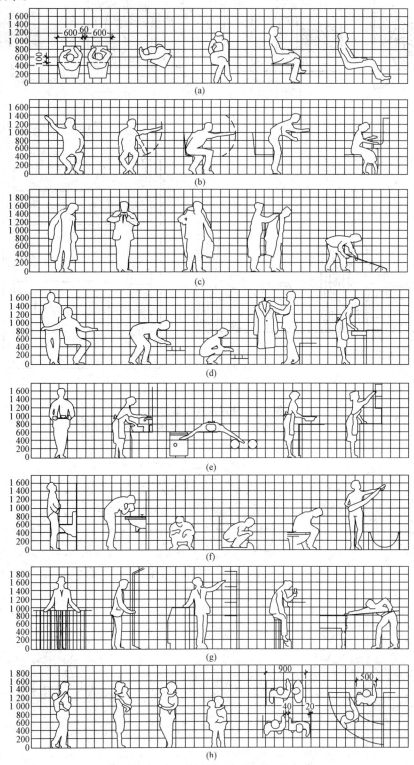

图 4-1　人体基本动作尺度

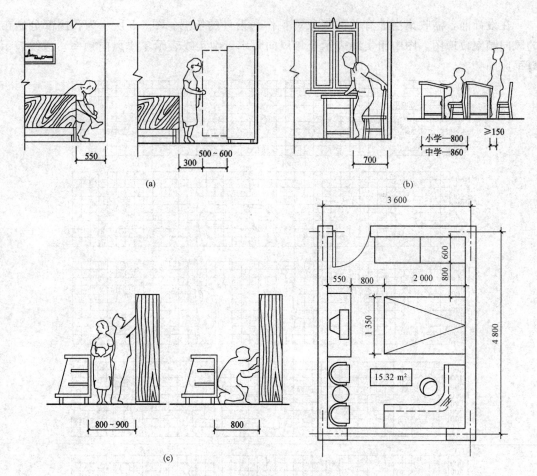

图 4-2　使用家具设备的尺寸

(a)卧室中；(b)教室中；(c)营业厅中

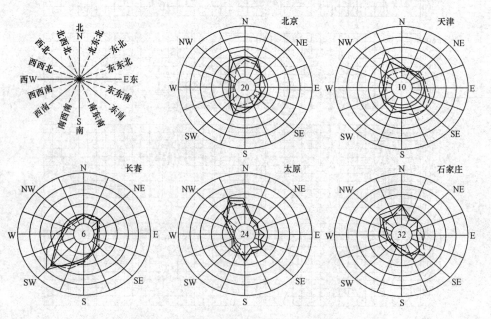

图 4-3　我国部分城市的风向频率玫瑰图

2. 地形、水文地质条件及地震烈度的影响

场地的地形、地质构造、土壤特性和地基承受力的大小，对建筑物的平面组合、结构布置、建筑构造处理和建筑体型都有明显的影响。坡度陡的地形，常使房屋结合地形采用错层、吊层或依山就势等较为自由的组合方式。复杂的地质条件，要求房屋的构成和基础的设置采取相应的结构与构造措施。

水文地质条件是指地下水水位的高低及地下水的性质，直接影响到建筑物的基础及地下室。一般应根据地下水水位的高低及地下水的性质确定是否在该地区建造房屋或采用相应的防水和防腐蚀措施。

地震烈度表示当发生地震时，地面及建筑物遭受破坏的程度。地震烈度在 6 度及以下时地震对建筑物影响较小，一般可不考虑抗震措施。地震烈度在 9 度以上的地区，地震破坏力很大，一般应尽量避免在该地区建筑房屋。房屋抗震设防的重点是地震烈度为 7~9 度的地区。

四、建筑设计的要求

建筑设计除应满足相关的建筑标准、规范等要求外，原则上还应满足下列要求。

1. 满足建筑功能的要求

建筑功能是建筑的第一大要素。建筑设计的首要任务是为人们的生产和生活活动创造良好的环境。如学校，首先要满足教学活动的需要，教室设置应做到合理布局，教学区应有便利的交通联系和良好的采光及通风条件，同时还要合理安排学生的课外和体育活动空间及教师的办公室、卫生设备、储藏空间等；又如工业厂房，首先应该适应生产流程的安排，合理布置各类生产和生活、办公及仓储等用房，同时还要达到安全、节能等各项标准。

2. 符合所在地规划发展的要求

设计规划是有效控制城市发展的重要手段，规划对建筑提出形式、高度、色彩感染力等多方面的要求，所有建筑物的建造都应该纳入所在地规划控制的范围。

3. 需采用合理的技术措施的要求

采用合理的技术措施是安全、有效地建造和使用建筑物的基本保证。随着人类社会物质文明的不断发展和生产技术水平的不断提高，可以用于建筑工程领域的新材料、新技术越来越多。根据设计项目的特点，正确地选用相关的材料和技术，采纳合理的构造方式及可行的施工方案，可以降低能耗、提高效率并达到可持续发展的目的。

4. 符合经济性的要求

工程项目的总投资一般在项目立项的初始阶段就已经确定了。作为建设项目的设计人员，应当具有建筑经济方面的相关知识，例如，熟悉建筑材料的近期价格及一般的工程造价。在设计过程中，应当根据实际情况选用合适的建筑材料及建造方法，合理利用资金，避免人力和物力浪费。这样才是对建设单位负责，同时也是对国家和人民的利益负责。为了保证项目投资在给定的投资范围内，在设计阶段应当进行项目投资估算、概算和预算。

5. 建筑美观的要求

建筑与人们的生活息息相关，人们的生活起居、工作都离不开它，因此，在满足使用功能的同时还应该兼顾审美要求。

五、建筑设计的方针

我国建筑设计的基本方针是适用、经济、美观。

第二节　建筑平面设计

一、建筑平面总设计

1. 设计要求

为了保证城市发展的整体利益，同时也为了确保建筑与总体环境的协调，建筑平面总设计必须满足城市规划的要求，同时应符合国家和地方有关部门制定的设计标准、规范、规定。城市规划对建筑平面总设计的要求主要包括对用地性质、用地范围、用地强度及建筑形态的控制，对容积率、建筑密度、绿地率、绿化覆盖率、建筑高度、建筑后退红线距离等方面指标的控制，以及交通出入口方位的规定。它们对建筑平面总设计的确定有决定性的影响。

(1)对用地性质的控制。城市规划对规划区域中的用地性质有明确限定，规定了它的使用范围，决定了用地内适建、不适建的建筑类型。用地性质的要求十分重要，它限定了该地块的用途，而不能随意开发建设，如在居住用地上就不能建设工业项目。

(2)对用地范围的控制。规划对用地范围的控制多是由建筑红线与道路红线共同来完成的。另外，既可限定河流等用地的蓝线及城市公共绿化用地的绿线，也可限定用地的边界。红线所限定的用地范围也就是用地的权属范围。

1)道路红线是城市道路用地的规划控制边界线，一般由城市规划行政主管部门在用地条件图中标明。建筑红线也称建筑控制线，是建筑物基底位置的控制线，是场地中允许建造建(构)筑物的基线。

2)蓝线是指城市规划管理部门按城市总体规划确定长期保留的河道规划线。

3)绿线是指在城市规划建设中确定的各种城市绿地的边界线。

(3)对用地强度的控制。规划中对场地使用强度的控制是通过容积率、建筑密度、绿地率等指标来实现的。通过对容积率、建筑密度和绿地率的限定将场地的使用强度控制在一个合适的范围之内。

1)容积率是指场地内所有建筑物的建筑面积之和与场地总用地面积的比值。

2)建筑密度是指场地内所有建筑物基底面积之和与场地总用地面积的百分比。

3)绿地率是指场地内绿化用地总面积与场地总用地面积的百分比。

(4)对建筑形态的控制。对建筑形态的控制是为了保证城市整体的综合环境质量，创造地域特色、文化特质、和谐统一的城市面貌，并根据用地功能特征、区位条件及环境景观状况等因素，提出不同的限制要求。

2. 设计规范

设计规范主要表现在对一些具体的功能和技术问题的要求，对建筑平面总设计有很大的影响，是场地设计前提条件的一部分。在《民用建筑设计统一标准》(GB 50352—2019)中，对于场地内建筑物的布局、建筑物与相邻场地边界线的关系、建筑凸出物与红线的关系、道路对外出入口的位置、场地内的道路设置、绿化及管线的布置等方面有比较具体的规定；在《建筑设计防火规范(2018 年版)》(GB 50016—2014)中，对场地内的消防车道、建筑物的防火间距等消防问题有比较严格的要求。

在设计中应遵守和满足规范中的规定和要求。在建筑平面总设计时，要深入了解周围环境状况，处理好与周围环境的关系，以达到整体环境的和谐有序。

二、建筑平面组合设计

平面组合形式指经平面组合后使用房间及交通联系空间所形成的平面布局。可根据建筑物功能联系特点和空间构成特点选择合适的平面组合形式。平面组合形式分为以下几种。

1. 走廊式组合

走廊式组合的特征是房间沿走廊一侧或两侧并列布置，房间门直接开向走廊，房间之间通过走廊联系。走廊式组合的优点是：使用空间与交通联系空间分工明确、房间独立性强、各房间便于获得天然采光和自然通风、结构简单、施工方便等。根据房间与走廊布置关系的不同，走廊式组合又可分为内廊式与外廊式两种，如图 4-4 所示。内廊式组合是在走廊两侧均布置房间；外廊式组合是仅在走廊一侧布置房间。

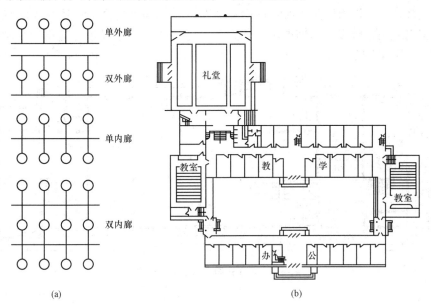

图 4-4　走廊式组合

(a)走廊式组合示意；(b)走廊式组合实例

2. 套间式组合

套间式组合是以穿套的方式将主要房间按一定序列组合起来，房间与房间之间相互穿套，无须经走廊联系。它的特点是将水平交通联系部分置于房间之内，使房间之间联系紧密，具有较强的连贯性。但是，房间的使用灵活性、独立性都受限制。套间式组合适用于房间的使用顺序性和连续性较强的建筑，如展览馆、博物馆、商店、车站等建筑套间式组合可分为串联式、放射式、并联式等几种类型。串联式是各主要房间按一定顺序互相串通，首尾相连，如图 4-5 所示。串联式组合使房间之间有明确的程序和连续性，人流方向统一且不逆行交叉，但使用线路不灵活，不利于部分房间单独使用，常用于博物馆、展览馆建筑。放射式组合是将各房间围绕交通枢纽呈放射状布置，流线简单紧凑，联系方便，空间使用灵活，但流线不明确，易产生迂回拥挤而相互干扰。并联式组合是通过走道或一个处在中心位置的公共部分连接并联的各个使用空间，各使用空间相互独立，功能明确，使用较普遍，如图 4-6 所示。

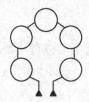

图 4-5 串联式平面组合示意

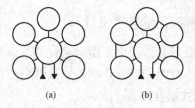

图 4-6 并联式平面组合示意
(a)用公共中心连接各并联部分；
(b)用走道连接各并联部分

3. 大厅式组合

大厅式组合以主体大厅为中心，周围穿插布置其他辅助房间。主体大厅的空间体量庞大，主体突出使用人数多，而辅助房间依附于主体大厅。大厅式组合适用于影剧院、体育馆等建筑，如图 4-7 所示。

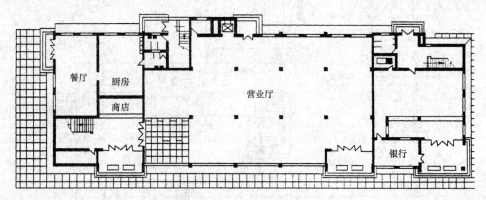

图 4-7 大厅式组合实例(影剧院)

4. 单元式组合

单元式组合是将关系较密切的房间组合在一起，成为相对独立的单元，再将各单元按一定方式连接起来组合成一幢建筑。它的特点是规模小、平面紧凑、功能分明、布局整齐、外形统一、各单元之间互不干扰，有利于建筑的标准化和形式的多样化。单元式组合主要适用于住宅和幼儿园、宿舍等建筑，如图 4-8 所示。

5. 庭院式组合

庭院式组合建筑的房间沿建筑四周环绕布置，中间形成庭院。其特点是面积大小不等，可作为绿化或交通等场地，环境清幽别致，冬季还能起到防风沙的作用。此类组合常用于普通民居、地方医院、机关办公区及旅馆等。

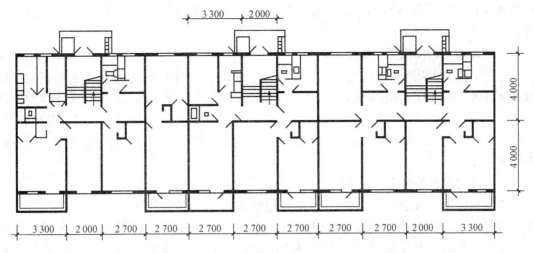

图 4-8　单元式组合住宅

6. 混合式组合

民用建筑中常采用两种或两种以上的平面组合形式将房间连接起来，像图书馆、文化宫、俱乐部等建筑的功能关系复杂，很难只采用一种平面组合形式，必须采用多种平面组合形式，这样的平面组合形式称作混合式组合。组合后还需考虑通风、采光等诸多问题，以一定功能需要为前提，灵活运用。

第三节　建筑体型与立面设计

一、建筑体型与立面设计的总体要求

建筑在满足人们生产、生活等使用功能需求的同时，它的体型，立面及内、外空间组合还应满足人们对建筑物的审美要求，并在一定程度上反映社会经济和文化基础。建筑的设计宗旨是在满足使用功能需求的同时，运用制图原理创造出给人以美和感染力的建筑形象。建筑体型与立面设计是在内部空间及功能合理的基础上，在物质技术条件的制约下，考虑到所处的地理位置及环境的协调，对外部形象从总的体型到各个立面及细部，按照一定的美学规律加以处理，以求得完美的建筑形象的过程。建筑体型与立面设计的总体要求如下。

1. 符合环境和总体规划的要求

建筑的体型、风格、形式等都应该顾及周围的建筑环境和自然环境，不能脱离环境而孤立存在，应与周围环境协调一致。在自然环境中，建筑应因地制宜，结合地形变化进行处理，如遇到古旧的且具有历史渊源及人文关系的建筑，应当尊重历史和现实，妥善处理新、旧建筑之间的关系。

2. 反映建筑功能和性格特征的要求

各类建筑物由于使用功能千差万别，室内空间和组合特点全然不同，在很大程度上必然导致不同外部体型和立面特征，建筑体型和立面设计应顾及其所属类型的文化内涵。

3. 合理运用构图规律和美学原则的要求

建筑体型和立面既然要给人以美的享受，就应该讲究构图的章法，遵循某些视觉规律和美学原则。其中的美学原则便是指建筑构图的一些基本规律。因此，在建筑体型和立面设计中常常会用到诸如讲究建筑层次、突出建筑主体、重复运用母题、形成节奏和韵律、掌握合适的尺度比例等手段。这一原则适用于单体建筑外部、建筑内部空间处理及建筑总体布局。

4. 考虑材料条件特点的要求

建筑不同于一般的艺术品，它必须运用建筑技术如结构类型、材料特质、施工手段等才能完成。在现代建筑中，一般中、小型民用建筑多采用砖混结构，由于受到墙体承重及梁板经济跨度的局限，开窗面积受到限制，这类建筑的立面处理可通过外立面的色彩、材料质感、水平与垂直线条及门窗的合理组织等来表现建筑简洁、朴素、稳重的外观特征。

5. 符合建筑相关标准，经济适用、美观的要求

建筑活动往往需要大量投资，建筑物从总体规划、建筑空间组合、材料选择、结构形式、施工组织直到维护管理等都包含着经济因素。建筑外形设计应本着节约的原则，严格遵守质量标准。建筑中心须遵循"经济、适用、美观"的方针，处理好三者的关系，严格掌握国家规定的建筑标准和相应的经济指标。

建筑标准、建筑用材料、造型要求和装饰等方面，要区别不同级别的工程要求，防止滥用高档材料，但也要避免由于盲目节约、追求低成本而影响建筑形象并造成修理费用的增加。设计人员应该掌握适度的设计原则，运用自身的智慧和创造力，设计出适用、安全经济、美观的建筑物。

图 4-9～图 4-11 所示为建筑体型和立面设计实例。

图 4-9　悉尼歌剧院　　　　　　　　　　　图 4-10　现代高层建筑

图 4-11　迪拜钻戒旅馆

二、建筑体型设计

建筑体型即建筑物的轮廓形状，它反映了建筑物总体的体量大小、组合方式及比例尺度等。建筑物内部的功能组合是形成建筑体型的内在因素和主要依据。

1. 建筑体型的组合方式

建筑体型的组合方式有简单的几何体体型、单一体型组合、单元式体型组合、复杂体型组合。其中，单一体型组合的特点是体型完整单一、造型简洁；单元式体型组合是将功能相同或相近的几个独立体量的单元按一定方式组合起来，处理方法灵活；复杂体型组合则是依据建筑功能的不同划分出若干部分进行组合，重点突出、主次分明、和谐统一，如图 4-12所示。

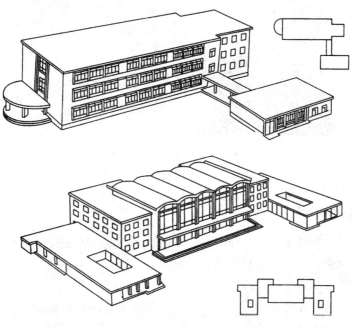

图 4-12　复杂体型组合

2. 建筑体型的转折与转角处理

建筑体型的转折与转角一般是指在十字路口、丁字路口或任意转角的路口或地带布置建筑物时，建筑物为了适应场地形状或道路布置而形成的转折或转角。处理转折或转角时，如果能结合地形的变化而充分发挥地形环境优势，合理布局，巧妙地进行体型处理，可增加建筑物的灵活性，使建筑物更加完整统一，如图4-13所示。

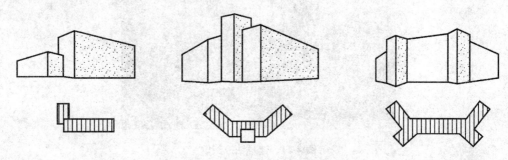

图4-13　建筑体型的转折与转角处理

3. 建筑体型的联系和交接处理

由不同大小、高低、形状、方向的体量组成的建筑都存在体量的联系和交接处理问题。体量组合时，一般以正交为宜，尽可能避免锐角交接，并尽可能做到主次分明、交接明确，以突出体型的完整性。常用的连接方式有直接连接、咬接、以连接体连接、以走廊连接等。形体之间的连接方式与房屋的结构构造布置、地区的气候条件、地震烈度及场地环境的关系相当密切。同样的，在体型设计中也常采用直接连接、咬接、走廊连接、连接体连接等连接形式，如图4-14所示。

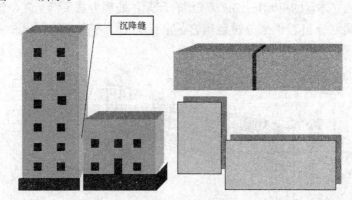

沉降缝

图4-14　联系和交接处理

三、建筑立面设计

建筑立面是建筑物各个方位的外部形象。建筑立面设计的主要任务是对建筑立面的组成部分和构件的比例、尺度，材料质感和色彩配置，运用节奏韵律、虚实对比等规律，设计出体型完整、形式与内容统一的建筑立面。

建筑立面设计通常是先根据平面设计初步确定各个立面的基本轮廓，再推敲立面各部分总的比例关系，考虑建筑整体几个立面之间的统一、相邻立面之间的连接和协调等问题，然后着重分析各个立面上墙面的处理、门窗的调整安排等，最后对入口门厅、建筑装饰等进一步作重点及细部处理，使之与建筑内部空间、使用功能、技术经济条件密切结合。

（一）建筑立面设计的重点

1. 尺度和比例的协调统一

尺度和比例的协调统一是建筑立面设计的重要原则。立面的比例和尺度的处理与建筑功能材料的性能和结构类型是分不开的。由于使用性质、容纳人数、空间大小、层高等的不同，建筑立面会形成全然不同的比例和尺度关系。恰当的尺度能反映出建筑物真实的大小，而尺度失调则会产生不真实感，同时，比例要满足结构、构件的合理性和立面构图美观的要求。

2. 立面的虚实与凹凸的对比

立面的虚实与凹凸的对比是建筑立面设计的重要表现手法，建筑立面中"虚"的部分泛指门窗空廊、凹廊等，常给人以轻巧、通透的感觉；"实"的部分指墙、柱、栏板等，给人以厚重封闭的感觉。建筑外观的虚实关系主要是由功能和结构要求决定的。充分利用这两方面的特点，巧妙地处理虚实关系可以获得轻巧生动、坚实有力的外观形象。

由于功能和构造上的需要，建筑外立面常出现一些凹凸部分。凸的部分一般有阳台雨篷、遮阳板、挑檐、凸柱、凸出的楼梯间等（图4-15、图4-16），凹的部分有凹廊、门洞等。通过凹凸关系的处理可以加强光影变化，增强建筑物的立体感，丰富立面效果。

图4-15 造型与遮阳实例1

图4-16 造型与遮阳实例2

3. 材料质感和色彩配置

合理地选择和搭配材料的质感与色彩，可以使建筑立面更加丰富多彩。材料质感和色彩的选择、配置是使建筑立面进一步取得丰富、生动效果的又一重要方面。不同的色彩具有不同的表现力和感染力，粗糙的混凝土或砖石表面显得较为厚重；平整而光滑的面砖以及金属、玻璃的表面感觉比较轻巧细腻。浅色调使人感到明快、清新；深色调使人感到端庄、稳重；冷色调使人感到宁静；暖色调使人感到热烈。在建筑立面上恰当地利用材料的质感和色彩的特点，往往使建筑物显得生动而富于变化。

4. 重点部位和细部处理

对建筑某些重点部位和细部进行处理是建筑立面设计的重要手法，可以突出主体，打破单调感。常通过对比手法进行立面重点部位处理。建筑的主要出入口和楼梯间是人流最多的部位，要求明显易找。为了吸引人们的视线，常对这个重点部位进行处理。

在建筑设计中应综合考虑建筑物平面、剖面、立面、体型及环境各方面因素，创造出人们需要的、完美的建筑形象。

(二)建筑立面设计的要求

建筑立面设计应符合环境和总体规划的要求，反映建筑功能和性格特征，合理运用构图的规律和美学原理，并考虑材料条件特点，掌握建筑标准，满足建筑经济要求。

第四节　建筑剖面设计

一、建筑剖面设计的原则

在实际工作中，房屋建筑剖面组合设计是与平面组合设计一起考虑的。例如，平面中房间的分层安排和剖面中房屋层数的通盘考虑，大厅式平面中不同高度房间竖向组合的平面、剖面关系，以及垂直交通联系部分楼梯间的位置和进深尺寸的确定等，都需要平面、剖面密切结合，同时考虑。建筑剖面空间组合，主要是分析建筑物各部分应有的高度、建筑层数、建筑空间在垂直方向上的组合和利用，以及建筑剖面和结构、构造的关系等问题。

1. 根据建筑的功能和使用要求，分析建筑空间的剖面组合关系

在建筑剖面设计中，不同用途的房间有不同的位置要求，应根据功能和使用要求以及组合的可能性进行考虑。一般情况下，对外联系密切、人员出入频繁、室内有较重设备的房间应位于建筑的底层或下部；而那些对外联系较少、人员出入不多、要求安静或有隔离要求、室内无大型设备的房间，可以放在建筑的上部。例如，在高等学校综合科研楼设计中，就常将接待室和有大型设备的试验室放在底层；将人数多、人流量较大的综合教室放在建筑的下部；而使用人数较少，相对安静的研究室、研究生教室、普通用房，则位于建筑的上部。

2. 根据房屋各部分的高度，分析建筑空间的剖面组合关系

不同功能的房间有不同的高度要求，而建筑则是集多种用途的房间为一体的综合体。在建筑的剖面组合设计中，需要在功能分析的基础上，对有不同高度要求的大、小空间进行归类整合，按照建筑空间的剖面组合规律，进行内部空间的组织，使建筑各个部分在垂直方向上取得协调和统一。

二、建筑剖面设计的形式

1. 单层建筑的剖面组合

跨度较大、人流量大且对外联系密切的建筑，如体育馆等多采用单层。一些要求顶部采光或通风的建筑，如食堂、展览馆等，也常采用单层。根据各房间的高度及剖面形状的不同，单层建筑的剖面组合形式主要有等高组合、不等高组合和夹层组合三种形式。

2. 多层、高层建筑的剖面组合

通常民用建筑多采用多层和高层，但必须与平面组合结合进行。高度相差较大的房间应尽可能安排在不同的楼层上，各层之间采用不同的层高；若必须设在同一层而层高又难以调整到同一高度时，可采用不同的层高，局部作错层处理。对少量高度较大的房间，可布置在顶层或附设于主体建筑端部，也可单独用走廊与主体连接。多层和高层建筑的剖面组合形式主要有叠加组合、错层组合和跃层组合三种形式。

本章小结

本章主要介绍了建筑设计的基础知识，内容包括建筑设计的内容、程序、依据、要求，建筑平面总设计要求，平面组合设计形式，建筑体型与立面设计的要求、方法，建筑剖面设计的原则、形式等。通过本章的学习，学生应对建筑设计的基本要求与方法有所认知，为日后的设计、施工打下基础。

思考与练习

1. 建筑设计的内容有哪些？
2. 简述建筑设计的要求。
3. 建筑平面总设计的要求是什么？
4. 建筑体型的组合方式有哪些？
5. 建筑立面设计的要求有哪些？
6. 建筑剖面空间组合设计的原则是什么？
7. 简述建筑剖面空间组合设计的形式。

第五章　建筑结构

第一节　建筑结构的发展与分类

一、建筑结构的历史

我国应用最早的建筑结构是砖石结构和木结构。由李春于 595—605 年(隋代)建造的河北赵县安济桥是世界上最早的空腹式单孔圆弧石拱桥。该桥净跨为 37.37 m，拱高为 7.2 m，宽为 9 m；外形美观，受力合理，建造水平较高。山西五台山佛光寺大殿(建于公元 857 年)、66 m 高的应县木塔(建于 1056 年)为别具一格的梁、柱木结构承重体系。

我国也是采用钢铁结构最早的国家。公元 60 年前后(汉明帝时期)便已使用铁索建桥(比欧洲早 70 多年)。我国用铁造房的历史也比较悠久，例如，现存的湖北荆州玉泉寺的 13 层铁塔建于宋代，已有 1 000 多年的历史。

随着经济的发展，我国的建设事业蓬勃发展，已建成的高层建筑有数万幢，其中超过 150 m 的有 200 多幢。我国香港特别行政区的中环大厦建成于 1992 年，共 73 层，高 301 m，是当时世界上最高的钢筋混凝土结构建筑。上海浦东的金茂大厦建成于 1998 年，共 88 层，高 420 m，属钢和混凝土混合结构，是当时我国内地第一、世界第四高度的高层建筑。我国台湾地区的国际金融中心大厦建成于 2005 年，共 101 层，高 508 m，属钢和混凝土混合结构，是当时世界第一高度的高层建筑。

二、建筑结构的发展概况

经历了漫长的发展过程，建筑结构在各个方面都取得了较大的进步。

在建筑结构设计理论方面，随着研究的不断深入以及统计资料的不断累计，原来简单的近似计算方法已发展成为以统计数学为基础的结构可靠度理论。这种理论目前为止已逐步应用到工程结构设计、施工与使用的全过程中，以保证结构的安全性，使极限设计方法向着更加完善、更加科学的方向发展。经过不断地充实提高，一个新的分支学科——"近代钢筋混凝土力学"正在逐步形成，它将计算机、有限元理论和现代测试技术应用到钢筋混凝土理论与试验研究中，使建筑结构的计算理论和设计方法更加完善，并且向着更高的阶段发展。

在建筑材料方面，新型结构材料不断涌现，如混凝土，由原来的抗压强度低于 20 N/mm^2 的低强度混凝土发展到抗压强度为 $20 \sim 50 \text{ N/mm}^2$ 的中等强度混凝土和抗压强度在 50 N/mm^2 以上的高强度混凝土。目前，美国已制成 C200 的混凝土，我国已制成 C100 的混凝土。估计不久，混凝土强度将普遍达到 100 N/mm^2，特殊工程可达 400 N/mm^2。目前，高强度混凝土的塑性不如普通混凝土，研制塑性好的高强度混凝土是今后的发展方向。轻质混凝土主要是采用轻质集料。轻质集料主要有天然轻集料（如浮石、凝灰石等）、人造轻集料（页岩陶粒、膨胀珍珠岩等）及工业废料（炉渣、矿渣、粉煤灰、陶粒等）。轻质混凝土的强度目前一般只能达到 $5 \sim 20 \text{ N/mm}^2$，开发高强度的轻质混凝土是今后的研究方向。随着混凝土的发展，为改善其抗拉性能、延性，通常在混凝土中掺入纤维，如钢纤维、耐碱玻璃纤维、聚丙烯纤维或尼龙合成纤维等。除此之外，许多特种混凝土如膨胀混凝土、聚合物混凝土、浸渍混凝土等也在研制、应用之中。

在结构方面，空间结构、悬系结构、网壳结构成为大跨度结构发展的方向，空间钢网架的最大跨度已超过 100 m。例如，澳大利亚悉尼市为主办 2000 年奥运会而兴建的一系列体育场馆中，国际水上运动中心与用作球类比赛的展览馆采用了材料各异的网壳结构。组合结构也是结构发展的方向，目前钢管混凝土、压型钢板叠合梁等组合结构已被广泛应用，在超高层建筑结构中还采用钢框架与内核心筒共同受力的组合体系，以充分利用材料优势。在施工工艺方面近年来也有很大的发展，工业厂房及多层住宅正在向工业化方向发展，而建筑构件的定型化、标准化又大大加快了建筑结构工业化进程。如我国北京、南京、广州等地已经较多采用的装配式大板建筑，加快了施工进度及施工机械化程度。在高层建筑中，施工方法也有了很大的改进，大模板、滑模等施工方法已得到广泛推广与应用，如深圳53层的国贸大厦采用滑升模板建筑；广东国际大厦63层，采用筒中筒结构和无黏结部分预应力混凝土平板楼盖，减小了自重，节约了材料，加快了施工速度。

综上所述，建筑结构是一门综合性较强的应用科学，其发展涉及数学、力学、材料及施工技术等科学。随着我国生产力水平的提高及结构材料研究的发展，计算理论的进一步完善以及施工技术、施工工艺的不断改进，建筑结构科学会发展到更高的阶段。

三、建筑结构的分类

建筑结构是指建筑物中由若干个基本构件按照一定的组成规则，通过符合规定的连接方式所组成的能够承受并传递各种作用的空间受力体系，又称为骨架。建筑结构按承重结构所用材料的不同可分为混凝土结构、砌体结构、钢结构和木结构等，按结构的受力特点可分为砖混结构、框架结构、排架结构、剪力墙结构、筒体结构等。

（一）按材料的不同分类

1. 混凝土结构

混凝土结构是指由混凝土和钢筋两种基本材料组成的一种能共同作用的结构材料。自从 1824 年发明了波特兰水泥，1850 年出现了钢筋混凝土以来，混凝土结构已被广泛应用于工程建设中，如各类建筑工程、构筑物、桥梁、港口码头、水利工程、特种结构等领域。采用混凝土作为建筑结构材料，主要是因为混凝土的原材料（砂、石等）来源丰富，钢材用量较少，结构承载力和刚度大，防火性能好，价格低。钢筋混凝土技术于 1903 年传入我国，现在已成为我国发展高层建筑的主要材料。随着科学技术的进步，钢与混凝土组合结构也得到了很大发展，并已应用到超高层建筑中。其构造有型钢构件外包混凝土，简称刚性混凝土结构；还有钢管内填混凝土，简称钢管混凝土结构。

归纳起来，钢筋混凝土结构有以下优点：

（1）易于就地取材。钢筋混凝土的主要材料是砂、石，而这两种材料来源比较普遍，有利于降低工程造价。

（2）整体性能好。钢筋混凝土结构，特别是现浇结构具有很好的整体性，能抵御地震灾害，这对于提高建筑物整个结构的刚度和稳定性有重要意义。

（3）耐久性好。混凝土本身的特征之一是其强度不随时间的增长而降低。钢筋被混凝土紧紧包裹而不致锈蚀，即使处在侵蚀性介质条件下，也可采用特殊工艺制成耐腐蚀混凝土。因此，钢筋混凝土结构具有很好的耐久性。

（4）可塑性好。混凝土拌合物是可塑的，可根据工程需要制成各种形状的构件，这给合理选择结构形式及构件截面形式提供了方便。

（5）耐火性好。在钢筋混凝土结构中，钢筋被混凝土包裹着，而混凝土的导热性很差，因此，发生火灾时钢筋不致很快达到软化温度而造成结构破坏。

（6）刚度大，承载力较高。

同时，钢筋混凝土结构也有一些缺点，如自重大，抗裂性能差，费工，费模板，隔声、隔热性能差，因此，必须采取相应的措施进行改进。

2. 砌体结构

砌体结构是砖砌体、砌块砌体、石砌体建造的结构的统称，又称砖石结构。砌体结构是我国建造工程中最常用的结构形式，砌体结构中砖石砌体占 95% 以上，主要应用于多层住宅、办公楼等民用建筑的基础、内外墙身、门窗过梁、墙柱等构件（在抗震设防烈度为 6 度的地区，烧结普通砖砌体住宅可建成 8 层），跨度小于 24 m 且高度较小的俱乐部、食堂及跨度在 15 m 以下的中、小型工业厂房，60 m 以下的烟囱、料仓、地沟、管道支架和小型水池等。

归纳起来，砌体结构具有以下优点：

（1）取材方便，价格低廉。砌体结构所需的原材料如黏土、砂子、天然石材等几乎到处都有，来源广泛且经济。砌块砌体还可节约土地，使建筑向绿色建筑、环保建筑方向发展。

（2）具有良好的保温、隔热、隔声性能，节能效果好。

（3）可以节省水泥、钢材和木材，不需要模板。

（4）具有良好的耐火性及耐久性。一般情况下，砌体能耐受 400 ℃的高温。砌体耐腐蚀性能良好，完全能满足预期的耐久年限要求。

（5）施工简单，技术容易掌握和普及，也不需要特殊的设备。

同时，砌体结构还存在一些缺点：自重大、砌筑工程繁重、砌块和砂浆之间的黏结力较弱、烧结普通砖砌体的黏土用量大。

3. 钢结构

钢结构是指建筑物的主要承重构件全部由钢板或型钢制成的结构。由于钢结构具有承载能力高、质量较轻、钢材材质均匀、塑性和韧性好、制造与施工方便、工业化程度高、拆迁方便等优点，所以，它的应用范围相当广泛。目前，钢结构多用于工业与民用建筑中的大跨度结构、高层和超高层建筑、重工业厂房、受动力荷载作用的厂房、高耸结构及一些构筑物等。

归纳起来，钢结构的特点如下：

(1)强度高、自重轻、塑性和韧性好、材质均匀。强度高，可以减小构件截面，减轻结构自重(当屋架的跨度和承受荷载相同时，钢屋架的质量最多不过是钢筋混凝土屋架的 1/4 ～1/3)，也有利于运输、吊装和抗震；塑性好，结构在一般条件下不会因超载而突然断裂；韧性好，结构对动荷载的适应性强；材质均匀，钢材的内部组织比较接近均质和各向同性体，当应力小于比例极限时，几乎是完全弹性的，和力学计算的假设比较符合。

(2)钢结构的可焊性好，制作简单，便于工厂生产和机械化施工，便于拆卸，可以缩短工期。

(3)有优越的抗震性能。

(4)无污染，可再生，节能，安全，符合建筑可持续发展的原则，可以说钢结构的发展是 21 世纪建筑文明的体现。

(5)钢材耐腐蚀性差，需经常刷油漆维护，故维护费用较高。

(6)钢结构的耐火性差。当温度达到 250 ℃时，钢结构的材质将会发生较大变化；当温度达到 500 ℃时，结构会瞬间崩溃，完全丧失承载能力。

(二)按结构的受力特点分类

1. 砖混结构

砖混结构是指由砌体和钢筋混凝土材料共同承受外加荷载的结构。由于砌体材料强度较低，且墙体容易开裂、整体性差，故砖混结构的房屋主要用于层数不多的民用建筑，如住宅、宿舍、办公楼、旅馆等。

2. 框架结构

框架结构是指由梁、柱构件通过铰接(或刚接)相连而构成承重骨架的结构，是目前建筑结构中较广泛的结构形式之一。框架结构能保证建筑的平面布置灵活，主要承受竖向荷载；防水、隔声效果也不错，同时具有较好的延性和整体性，因此，框架结构的抗震性能较好；其缺点是其属于柔性结构，抵抗侧移的能力较弱。一般多层工业建筑与民用建筑大多采用框架结构，合理的建筑高度约为 30 m，即层高约 3 m 时不超过 10 层。

3. 排架结构

排架结构通常是指由柱子和屋架(或屋面梁)组成，柱子与屋架(或屋面梁)铰接，而与基础固接的结构。从材料上说，排架结构多为钢筋混凝土结构，也可采用钢结构，广泛用于各种单层工业厂房。其结构跨度一般为 12～36 m。

4. 剪力墙结构

剪力墙结构是指由整片的钢筋混凝土墙体和钢筋混凝土楼(屋)盖组成的结构。墙体承受所有的水平荷载和竖向荷载。剪力墙结构整体刚度大、抗侧移能力较强，但它的建筑空间划分受到限制，造价相对较高，因此，一般适用于横墙较多的建筑物，如高层住宅、宾馆及酒店等。合理的建造高度为 15～50 层。

5. 筒体结构

筒体结构是指由钢筋混凝土墙或密集柱围成的一个抗侧移刚度很大的结构，犹如一个嵌固在基础上的竖向悬臂构件。筒体结构的抗侧移刚度和承载能力在所有结构中是最大的。根据筒体的不同组合方式，筒体结构可以分为框架-筒体结构、筒中筒结构和多筒结构三种类型。

(1)框架-筒体结构，兼有框架结构和筒体结构的优点，其建筑平面布置灵活，抵抗水平荷载的能力较强。

(2)筒中筒结构又称为双筒结构，内、外筒直接承受楼盖传来的竖向荷载，同时又共同抵抗水平荷载。筒中筒结构有较大的使用空间，平面布置灵活，结构布置也比较合理，空间性能较好，刚度更大，因此，适用于建筑较高的高层建筑。

(3)多筒结构是由多个单筒组合而成的多束筒结构，它的抗侧移刚度比筒中筒结构还要大，可以建造更高的高层建筑。

第二节 建筑结构的荷载

一、荷载的含义

荷载通常是指作用在结构上的外力，如结构自重、水压力、土压力、风压力、人群及货物的重力、起重机轮压等。此外，还有其他因素可以使结构产生内力和变形，如温度变化、地基沉陷、构件制造误差、材料收缩等。从广义上说，这些因素也可看作荷载。

合理地确定荷载，是结构设计中非常重要的工作。如果将荷载估计过大，所设计的结构尺寸将偏大，造成浪费；如将荷载估计过小，则所设计的结构不够安全。进行结构设计，就是要确保结构的承载能力足以抵抗内力，将变形控制在结构能正常使用的范围内。在进行结构设计时，不仅要考虑直接作用在结构上的各种荷载作用，还应考虑引起结构内力、变形等效应的间接作用。

二、荷载的分类

在工程实际中，作用在结构上的荷载是多种多样的。为了便于力学分析，需要从不同的角度对它们进行分类。

(一)按荷载的分布范围分类

根据荷载的分布范围，荷载可分为集中荷载和分布荷载。

1. 集中荷载

集中荷载是指分布面积远小于结构尺寸的荷载，如起重机的轮压。由于这种荷载的分布面积较集中，因此，在计算简图上可将这种荷载作用于结构上的某一点处。

2. 分布荷载

分布荷载是指连续分布在结构上的荷载，当连续分布在结构内部各点上时叫作体分布荷载;当连续分布在结构表面上时叫作面分布荷载;当沿着某条线连续分布时叫作线分布荷载;当为均匀分布时叫作均布荷载。

(二)按荷载的作用性质分类

根据荷载的作用性质,荷载可分为静力荷载和动力荷载。

(1)当荷载从零开始,逐渐缓慢、连续均匀地增加到最后的确定数值后,其大小、作用位置及方向都不再随时间而变化,这种荷载称为静力荷载,如结构的自重、一般的活荷载等。静力荷载的特点是,该荷载作用在结构上时不会引起结构振动。

(2)大小、作用位置、方向随时间而急剧变化的荷载称为动力荷载,如动力机械产生的荷载、地震作用等。这种荷载的特点是,该荷载作用在结构上时会产生惯性力,从而引起结构显著振动或冲击。

(三)按荷载作用时间的长短分类

根据荷载作用时间的长短,荷载可分为恒荷载和活荷载。

1. 恒荷载

恒荷载是指作用在结构上的不变荷载,即在结构建成以后,大小和作用位置都不再发生变化的荷载,如构件的自重、土压力等。构件的自重可根据结构尺寸和材料的重力密度(即每立方米体积的质量,单位为 N/m^3)进行计算。

2. 活荷载

活荷载是指在施工或建成后使用期间可能作用在结构上的可变荷载,这种荷载有时存在,有时不存在,它们的作用位置和作用范围可能是固定的(如风荷载、雪荷载、会议室的人群荷载等),也可能是移动的(如起重机荷载、桥梁上行驶的汽车荷载等)。不同类型的房屋建筑,因其使用的情况不同,活荷载的大小也就不同。在现行《建筑结构荷载规范》(GB 50009—2012)中,对各种常用的活荷载都有详细的规定。

确定结构所承受的荷载是结构设计中的重要内容之一,必须认真对待。在荷载规范未包含的某些特殊情况下,设计者需要深入现场,结合实际情况进行调查研究,才能合理确定荷载。

三、荷载代表值

为了满足结构设计的需要,需要对荷载赋予一个规定的量值,该量值即荷载代表值。结构设计时,永久荷载采用标准值作为代表值,可变荷载应根据各种极限状态的设计要求分别采用标准值、准永久值、组合值或频遇值为代表值。

建筑结构荷载规范

1. 荷载标准值

《建筑结构荷载规范》(GB 50009—2012)规定,标准值是荷载的基本代表值,为设计基准期内最大荷载统计分布的特征值(如均值、众值、中值或某个分位值)。

作用于结构上荷载的大小具有变异性。例如,对于结构自重等永久荷载,虽可事先根据结构的设计尺寸和材料单位质量计算出来,但施工时的尺寸偏差、材料单位质量的变异性等致使结构的实际自重并不完全与计算结果吻合。至于可变荷载的大小,其不定因素则更多。

永久荷载标准值一般根据结构的设计尺寸和材料，或结构构件的单位自重计算。常用材料构件的单位自重可参见《建筑结构荷载规范》(GB 50009—2012)。

可变荷载标准值主要依据历史经验确定。《建筑结构荷载规范》(GB 50009—2012)给出了可变荷载标准值，在设计时可以直接查用。表 5-1 列出了民用建筑楼面均布活荷载标准值及其他代表值系数，表 5-2 列出了屋面均布活荷载标准值及其他代表值系数。

表 5-1　民用建筑楼面均布活荷载标准值及其他代表值系数

项　次	类　别	标准值 /(kN·m⁻²)	组合值 系数 ψ_c	频遇值 系数 ψ_f	准永久值 系数 ψ_q
1	(1)住宅、宿舍、旅馆、办公楼、医院病房、托儿所、幼儿园	2.0	0.7	0.5	0.4
	(2)试验室、阅览室、会议室、医院门诊室	2.0	0.7	0.6	0.5
2	教室、食堂、餐厅、一般资料档案室	2.5	0.7	0.6	0.5
3	(1)礼堂、剧场、影院、有固定座位的看台	3.0	0.7	0.5	0.3
	(2)公共洗衣房	3.0	0.7	0.6	0.5
4	(1)商店、展览厅、车站、港口、机场大厅及其旅客等候室	3.5	0.7	0 6	0.5
	(2)无固定座位的看台	3.5	0.7	0.5	0.3
5	(1)健身房、演出舞台	4.0	0.7	0.6	0.5
	(2)运动场、舞厅	4.0	0.7	0.6	0.3
6	(1)书库、档案库、贮藏室	5.0	0.9	0.9	0.8
	(2)密集柜书库	12.0	0.9	0.9	0.8
7	通风机房、电梯机房	7.0	0.9	0.9	0.8
8	汽车通道及客车停车库： (1)单向板楼盖(板跨不小于 2 m)和双向板楼盖(板跨不小于 3 m×3 m)				
	客车	4.0	0.7	0.7	0.6
	消防车	35.0	0.7	0.5	0.0
	(2)双向板楼盖(板跨不小于 6 m×6 m)和无梁楼盖(柱网不小于 6 m×6 m)				
	客车	2.5	0.7	0.7	0.6
	消防车	20.0	0.7	0.5	0.0
9	厨房： (1)餐厅	4.0	0.7	0.7	0.7
	(2)其他	2.0	0.7	0.6	0.5
10	浴室、卫生间、盥洗室	2.5	0.7	0.6	0.5
11	走廊、门厅： (1)宿舍、旅馆、医院病房、托儿所、幼儿园、住宅	2.0	0.7	0.5	0.4
	(2)办公楼、餐厅、医院门诊部	2.5	0.7	0.6	0.5
	(3)教学楼及其他可能出现人员密集的情况	3.5	0.7	0.5	0.3
12	楼梯： (1)多层住宅	2.0	0.7	0.5	0.4
	(2)其他	3.5	0.7	0.5	0.3
13	阳台： (1)可能出现人员密集的情况	3.5	0.7	0.6	0.5
	(2)其他	2.5	0.7	0.6	0.5

注：1. 本表所列各项活荷载适用于一般使用条件，当使用荷载较大、情况特殊或有专门要求时，应按实际情况采用。

2. 第6项中，当书架高度大于2 m时，书库活荷载尚应按每米书架不小于2.5 kN/m²确定。

3. 第8项中的客车活荷载只适用于停放载人少于9人的客车；消防车活荷载适用于满载总重为300 kN的大型车辆；当不符合表中的要求时，应将车轮的局部荷载按照结构效应的等效原则，换算为等效均布荷载。

4. 第8项中，当双向板楼盖板跨为3 m×3 m～6 m×6 m时，应按跨度线性插值确定。

5. 第12项中，对预制楼梯踏步平板，尚应按照1.5 kN集中荷载验算。

6. 本表的各项荷载不包括隔墙自重和二次装修荷载；对固定隔墙的荷载按照恒荷载来考虑，当隔墙位置可灵活布置时，非固定隔墙的自重应取不小于1/3的每延米长墙重(kN/m)作为楼面活荷载的附加值(kN/m²)计入，且附加值不应小于1.0 kN/m²。

表 5-2　屋面均布活荷载标准值及其他代表值系数

项　次	类　　别	标准值 /(kN·m⁻²)	组合值 系数 ψ_c	频遇值 系数 ψ_f	准永久值 系数 ψ_q
1	不上人的屋面	0.5	0.7	0.5	0.0
2	上人的屋面	2.0	0.7	0.5	0.4
3	屋顶花园	3.0	0.7	0.6	0.5
4	屋顶运动场地	3.0	0.7	0.6	0.4

注：1. 不上人的屋面，当施工或维修荷载较大时，应按实际情况采用；对不同类型的结构应按有关设计规范的规定采用，但不得低于0.3 kN/m²。

2. 当上人的屋面兼作其他用途时，应按相应楼面活荷载采用。

3. 屋面排水不畅、堵塞等引起积水荷载时，应采取构造措施加以防止；必要时，应按积水的可能深度确定屋面活荷载。

4. 屋顶花园活荷载不包括花圃土石等材料自重。

2. 可变荷载准永久值

可变荷载准永久值是指在设计基准期内经常作用于结构的一部分活荷载，它对结构的影响类似于永久荷载，如室内的家具和固定设备的荷载等。

可变荷载准永久值可表示为$\psi_q Q_k$（ψ_q为可变荷载准永久值系数，Q_k为可变荷载标准值），ψ_q的取值见表5-1和表5-2。

例如，住宅的楼面活荷载标准值为2.0 kN/m²，准永久值系数$\psi_q=0.4$，则活荷载准永久值＝2.0×0.4＝0.8(kN/m²)。

可变荷载准永久值主要用于正常使用极限状态按长期荷载效应组合的设计中。

3. 可变荷载组合值

两种或两种以上的可变荷载同时作用于结构上时，所有可变荷载同时达到其单独出现时的最大值可能性极小。为此，将可变荷载标准值乘以荷载组合系数可得可变荷载组合值。

可变荷载组合值可表示为$\psi_c Q_k$（ψ_c为可变荷载组合值系数），其值按表5-1和表5-2查取。

可变荷载组合值主要用于承载能力极限状态或正常使用极限状态按短期荷载效应组合的设计。

4. 可变荷载频遇值

可变荷载频遇值是指在设计基准期内被超越的总时间仅为设计基准期一小部分的荷载值。可变荷载频遇值由可变荷载标准值乘以荷载频遇值系数而得。

可变荷载频遇值可表示为 $\psi_f Q_k$（ψ_f 为可变荷载频遇值系数），其值按表 5-1 和表 5-2 查取。

四、均布荷载的计算

均布荷载是指当线荷载大小都相同时的荷载，当线荷载各点大小不相同时，称为非匀布荷载。各点线荷载的大小用荷载集度 q 表示，某点的荷载集度意味着线荷载在该点的密集程度，其常用单位为 N/m 或 kN/m。

【例 5-1】 某办公楼楼层的预制板由矩形截面梁支承，梁支承在柱子上，梁、柱的间距如图 5-1(a)所示。已知板及其面层的自重是 2.30 kN/m²，板上受到的面荷载按 3 kN/m² 计，矩形梁截面尺寸 $b \times h = 200$ mm $\times 500$ mm，梁材料的表观密度为 25 kN/m²。试计算梁所受的线荷载集度，并求其合力。

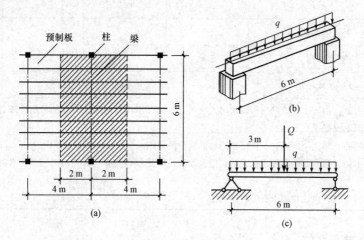

图 5-1　例 5-1 图

【解】 本题中梁受到板传来的荷载及梁的自重都是分布荷载，这些荷载可简化为线荷载。由于梁的间距为 4 m，所以，每根梁承担板传来的荷载范围如图 5-1(a)阴影区域所示，即承担范围为 4 m，这样沿梁轴线方向每米长承受的荷载为

$$板传来荷载\ q' = \frac{(2.30+3) \times 4 \times 6}{6} = 21.2(\text{kN/m})$$

$$梁自重\ q'' = \frac{0.2 \times 0.5 \times 6 \times 25}{6} = 2.5(\text{kN/m})$$

$$总计线荷载集度\ q''' = 21.2 + 2.5 = 23.7(\text{kN/m})$$

梁所受的线荷载如图 5-1(b)所示。在工程计算中，通常用梁轴表示一根梁，故梁受到的线荷载可用图 5-1(c)表示。

线荷载 q 的合力为

$$Q = 6q = 6 \times 23.7 = 142.2(\text{kN})$$

合力作用在梁的中点。

第三节　建筑结构的极限状态

一、建筑结构的功能要求及安全等级

1. 结构功能要求

结构设计的目的是使所设计的结构在规定的设计使用年限内能完成预期的全部功能要求。结构的功能要求包括以下内容：

(1)安全性。指结构在正常施工和正常使用的条件下，能承受可能出现的各种作用；在设计规定的偶然事件(如强烈地震、爆炸、车辆撞击等)发生时和发生后，仍能保持必需的整体稳定性，即结构仅产生局部的损坏而不致发生连续倒塌。

(2)适用性。指结构在正常使用时具有良好的工作性能。例如，不会出现影响正常使用的过大变形或振动；不会产生使使用者感到不安的裂缝宽度等。

(3)耐久性。建筑结构在正常使用、维护的条件下应有足够的耐久性。如混凝土不发生严重风化、腐蚀、脱落，钢筋不发生锈蚀等。

上述功能概括称为结构的可靠性。

2. 结构安全等级

《建筑结构可靠性设计统一标准》(GB 50068—2018)将建筑结构分为三个安全等级。

一级：很严重，对人的生命、经济、社会或环境影响很大；

二级：严重，对人的生命、经济、社会或环境影响较大；

三级：不严重，对人的生命、经济、社会或环境影响较小。

建筑结构可靠度
设计统一标准

3. 结构可靠度、可靠性及可靠度指标

结构在规定时间内，在规定条件下，完成预定功能的能力称为结构的可靠性。在各种随机因素的影响下，结构完成预定功能的能力不能事先确定，只能用概率来描述。为此，引入结构可靠度的定义，即结构在规定时间(设计使用年限)内，在规定条件(正常设计、正常施工、正常使用、正常维护)下，完成预定功能的概率。结构的可靠度是结构可靠性的概率度量，即对结构可靠性的定量描述。

可靠度水平的设置应根据结构构件的安全等级、失效模式和经济因素等确定。对结构的安全性、适用性和耐久性可采用不同的可靠度水平。

当有充分的统计数据时，结构构件的可靠度宜采用可靠指标 β 度量。结构构件设计时采用的可靠指标，可根据对现有结构构件的可靠度分析，并结合使用经验和经济因素等确定。

二、极限状态的定义与分类

结构的极限状态就是结构或构件满足结构安全性、适用性和耐久性三项功能中某一功能要求的临界状态。超过这一界限，结构或其构件就不能满足设计规定的该功能要求，而进入失效状态。

结构的极限状态分为以下两类。

1. 承载能力极限状态

结构或构件达到最大承载力或出现疲劳破坏或不适于继续承载的变形状态，称为承载能力极限状态。超过这一状态，则不能满足安全性的功能。

当结构或构件出现下列状态之一时，即认为超过了承载能力极限状态：

(1)整个结构或结构的一部分作为刚体失去平衡；

(2)结构构件或连接因材料强度不足而破坏；

(3)结构转变为机动体系；

(4)结构或构件丧失稳定。

2. 正常使用极限状态

正常使用极限状态对应于结构或结构构件达到正常使用或耐久性能的某项规定限值。超过这一状态，便不能满足适用性或耐久性的功能要求。当结构或结构构件出现下列状态之一时，即认为超过了正常使用极限状态：

(1)影响正常使用或外观的变形；

(2)影响正常使用或耐久性能的局部损坏(包括裂缝)；

(3)影响正常使用的振动；

(4)影响正常使用的其他特定状态等。

工程设计时，其可靠性可比承载能力极限状态略低一些，一般先按承载能力极限状态设计结构构件，再按正常使用极限状态预算。

三、极限状态的设计表达式

现行规范采用以概率理论为基础的极限状态设计方法，用分项系数的设计表达式进行计算。

1. 承载能力极限状态的设计表达式

$$\gamma_0 S \leqslant R \tag{5-1}$$

式中　γ_0——结构重要性系数，对安全等级为一级、二级、三级的结构构件，可分别取 1.1、1.0、0.9；

　　　S——承载能力极限状态的荷载效应组合设计值；

　　　R——结构构件的承载力设计值。

2. 正常使用极限状态的设计表达式

对于结构正常使用极限状态，结构构件应分别按荷载的标准组合和准永久组合验算构件的变形、抗裂度或裂缝宽度等，使其不超过相应的规定限值，表达式为

$$S \leqslant R \tag{5-2}$$

式中　S——正常使用极限状态的荷载效应组合值；

　　　R——结构构件达到正常使用要求所规定的变形、裂缝宽度和应力等的限值。

本章小结

本章主要介绍了建筑结构的基础知识，内容包括建筑结构的历史、发展、分类，建筑

结构的荷载、分类、代表值，建筑结构的功能要求及安全等级，极限状态的定义、分类、设计表达式。通过本章的学习，学生应能对建筑结构荷载与极限状态有清晰的认知，为日后的设计、施工打下基础。

> 思考与练习

1. 简述建筑结构的分类。

2. 荷载可分为哪几类？

3. 什么是结构功能的极限状态？承载能力极限状态和正常使用极限状态的含义分别是什么？

4. 荷载的代表值有哪几类？其各自的定义是什么？

5. 结构的功能要求有哪些？

6. 什么是结构的可靠性与可靠度？

7. 简述计算正常使用极限状态时，变形、裂缝宽度等荷载效应组合的表达式，并说明各符号代表的含义。

第六章　建筑构造组成

学习目标

1. 了解民用建筑构造组成。
2. 熟悉单层工业厂房的构造。
3. 了解楼梯的类型、尺寸和基本构造；熟悉电梯的基本构造、房屋变形缝的设置。
4. 熟悉建筑物其他常见构造的有关知识。

能力目标

1. 能够清楚民用建筑及单层工业厂房的构造组成及各自的作用。
2. 能够掌握楼梯的基本尺寸，清楚钢筋混凝土楼梯的分类及形式。
3. 能够掌握变形缝的作用及设置要求。
4. 能够熟知建筑常见构造及其做法。

第一节　民用建筑构造

一、民用建筑构造组成

民用建筑是供人们居住、生活和从事各类公共活动的建筑。

房屋建筑是由若干个大小不等的室内空间组合而成的，而空间的形成又需要各种各样的实体来组合，这些实体称为建筑构配件。

建筑物的构造由基础、墙和柱、楼地面、楼梯、屋顶、门窗六个主要部分组成，如图 6-1 所示。它们在建筑物中所处的位置不同，功能作用也各不相同。

各组成部分的作用及构造要求分述如下。

1. 基础

基础是建筑物最下部位与土层直接接触的构件，即埋在地下的墙

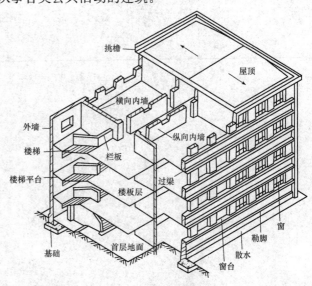

图 6-1　建筑物的构造

体、柱子，它承受建筑物全部荷载的质量，并传递（包括基础自重）给基础下面的土层——地基。基础是承重构件，起着承上传下的作用。

基础应坚固、稳定、耐水、耐腐蚀、耐冰冻，不应早于地面以上部分先被破坏。

2. 墙或柱

对于墙承重结构的建筑来说，墙承受屋顶和楼地层传给它的荷载，并将这些荷载连同自重传给基础；同时，外墙也是建筑物的围护构件，抵御风、雨、雪、温差变化等对室内的影响，内墙是建筑物的分隔构件，将建筑物的内部空间分隔成若干相互独立的空间，避免使用时互相干扰。

当建筑物采用柱作为垂直承重构件时，墙填充在柱间，仅起围护和分隔作用。

承重墙：承受着由楼板、屋面传来的荷载，并将其传递（包括墙的自重）给基础。

围护墙：指建筑物的外墙。它挡风遮雨、保温隔热，保护人们的正常活动免受自然气候的干扰。

分隔墙：指建筑物的内墙。按使用要求用内墙将房屋建筑的整个内部水平空间分隔成若干个小的空间，避免互相干扰。

墙体要求坚固、稳定、耐久、保温、隔热、隔声。

柱子在建筑物中一般只起承重作用（构造柱除外），故要求其具有足够的强度和稳定性。

3. 楼地层

楼层指楼板层，它是建筑物的水平承重构件，将其上所有荷载连同自重传给墙或柱；同时，楼层把建筑空间在垂直方向划分为若干层，并对墙或柱起水平支撑作用。地层指底层地面，承受其上荷载并传给地基。

楼地层应坚固、稳定，地层还应具有防潮、防水等功能。

4. 楼梯

楼梯在建筑物中是垂直交通工具，供人们上、下楼和紧急疏散用；同时，楼梯也是承重构件，将其上荷载（包括楼梯自重）传递给墙（柱）。要求楼梯安全畅通，有足够的强度、刚度。

5. 屋顶

屋顶是建筑物顶部的承重和围护部分，它承受作用在其上的风、雨、雪、人等的荷载并传给墙或柱，抵御各种自然因素（风、雨、雪、严寒、酷热等）的影响；同时，屋顶形式对建筑物的整体形象起着很重要的作用。

屋顶应有足够的强度和刚度，并能防水、排水、保温（隔热）。

6. 门窗

门窗与建筑物的墙（柱）紧密相连。门主要起交通、通风作用，有时也起分隔房间的作用。窗主要起采光、通风、围护、分隔作用。门窗应使用方便，构造合理，保温、隔热、隔声。

二、构造柱

在多层砌体房屋墙体的规定部位，按构造配筋，并按先砌墙后浇灌混凝土柱的施工顺序制成的混凝土柱，通常称为混凝土构造柱，简称构造柱，它起加固房屋的作用，但不承受竖向荷载。

构造柱与圈梁类似于框架结构中的骨架，它不承重，但可以提高砖砌房屋的整体性，在抗水平荷载(如风荷载、地震荷载，特别是地震荷载)方面起着相当重要的作用。

构造柱设置的部位一般情况下应符合表 6-1 所示的要求。

表 6-1　砖砌体房屋构造柱设置要求

地震烈度				设 置 部 位	
6 度	7 度	8 度	9 度		
房屋层数				楼、电梯间四角，楼梯斜梯段上、下端对应的墙体处；外墙四角和对应转角；错层部位横墙与外纵墙交接处；大房间内、外墙交接处；较大洞口两侧	隔 12 m 或单元横墙与外纵墙交接处；楼梯间对应的另一侧内横墙与外纵墙交接处
≤五	≤四	≤三	—		隔开间横墙(轴线)与外墙交接处；山墙与内纵墙交接处
六	五	四	二		内墙(轴线)与外墙交接处；内墙的局部较小墙垛处；内纵墙与横墙(轴线)交接处
七	六、七	五、六	三、四		

注：1. 较大洞口，内墙指不小于 2.1 m 的洞口；外墙在内、外墙交接处已设置构造柱时允许适当放宽，但洞侧墙体应加强。

　　2. 当按规定确定的层数超出表中的范围时，构造柱设置要求不应低于表中相应地震烈度的最高要求且宜适当提高。

构造柱可不单独设置基础，但应伸入室外地面下 500 mm，或锚入浅于 500 mm 的基础圈梁内。

构造柱最小截面面积可采用 240 mm×180 mm，一般选用 240 mm×240 mm，纵向钢筋宜采用 4ϕ12，箍筋直径可采用 6 mm，间距不宜大于 250 mm，混凝土强度等级为 C15 或 C20。

构造柱与圈梁连接时，构造柱的纵筋应穿过主筋，以保证构造柱纵筋上下贯通。

三、圈梁

圈梁是沿外墙及部分内墙设置的连续、水平、闭合的梁。圈梁可以增强建筑的整体刚度和整体性，对建筑起到腰箍的作用，防止地基不均匀沉降、振动及地震引起的墙体开裂，进而达到保证建筑结构安全的目的。

圈梁多采用钢筋混凝土材料，其宽度宜与墙体厚度相同。当墙体厚度 $d > 240$ mm 时，圈梁的宽度可以比墙体厚度小，但应不小于 $2d/3$。圈梁的高度一般不小于 120 mm，通常与砖的皮数尺寸配合。由于圈梁的受力较复杂，而且不易事先估计确定，因此，圈梁均按构造要求配置钢筋，一般纵向钢筋不应小于 4ϕ8，纵向钢筋应当对称布置，箍筋间距不大于 300 mm。另外，还有钢筋砖圈梁，目前已经较少使用。

圈梁在建筑中往往不止设置一道，其数量应视建筑的高度、层数、地基情况和地震设防的构造要求而定。单层建筑至少设置一道，多层建筑一般隔层设置一道。在地震设防地区，往往要层层设置圈梁。圈梁除在外墙和承重内纵墙中设置外，还应根据建筑的结构及防震要求，每隔 16～32 m 在横墙中设置圈梁，以使圈梁腰箍的作用能够充分发挥出来。

圈梁通常设置在建筑的基础墙处、檐口处和楼板处。当屋面板、楼板与窗洞口间距较小且抗震设防等级较低时，也可以将圈梁设在窗洞口上皮兼作过梁使用。

圈梁应当连续、封闭地设置在同一水平面上。当圈梁被门窗洞口（如楼梯间窗洞口）截断时，应在洞口上方或下方设置附加圈梁。附加圈梁与圈梁的搭接长度不应小于二者垂直净距的两倍，也不应小于 1 m，如图 6-2 所示。在地震设防地区，圈梁应当完全封闭，不宜被洞口截断。

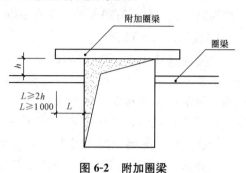

图 6-2　附加圈梁

四、过梁

房屋建筑由于其使用上的要求，如通风、采光、通行等，需要设置门窗，从而就要在墙上预留门窗洞口。为了支撑门窗洞口上部墙体的质量，并将其传递到洞口两侧的墙体上，一般需在洞口上部设置横梁，称为过梁。

在现代建筑中常用的过梁主要是由钢筋混凝土材料做成的钢筋混凝土过梁。当然在传统的砖木结构中有砖拱过梁、钢筋砖过梁等，如图 6-3 所示。

钢筋混凝土过梁不受门窗洞口大小的限制，可以是现浇的，也可以是预制的。其截面形状可以是矩形——用于内墙、外墙且外侧为混水墙面，如图 6-4(a)所示；也可以是 L 形——用于外墙且外侧为清水墙面，如图 6-4(b)所示。其内部配筋是根据计算确定的。

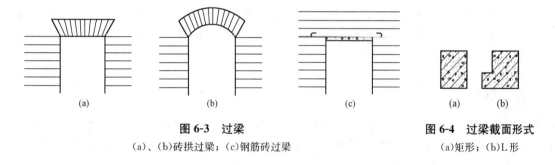

图 6-3　过梁	图 6-4　过梁截面形式
(a)、(b)砖拱过梁；(c)钢筋砖过梁	(a)矩形；(b)L 形

五、隔墙

隔墙是不具备承重功能的，只是将建筑内部划分成不同空间的墙体。隔墙虽然不是构成建筑主体的构造，但对建筑的使用有着重要的影响。

(一)对隔墙的构造要求

(1)自重小。由于隔墙的质量作用于板、梁上，故隔墙的自重越轻越好。

(2)厚度小。由于隔墙是用来分隔房间的，在满足一定强度和稳定性的情况下，其厚度越小，占用房间的使用面积就越小。

(3)安装灵活。隔墙的安装应灵活方便，可拆装或折叠，以满足空间变化的使用要求。

（4）其他方面。根据具体情况，隔墙还应满足其他一些使用要求。例如，用于居住房间的隔墙应隔声，用于盥洗室房间的隔墙应防潮，用于厨房房间的隔墙应耐火等。

（二）常见隔墙的构造

砌筑隔墙的材料有很多种，现介绍以下几种。

1. 烧结普通砖隔墙

烧结普通砖隔墙一般为半砖墙——12墙。由于隔墙厚度小、稳定性差，故需要采取加固措施。与承重墙连接时，两端每隔500 mm高用2Φ6的钢筋拉结，并砌筑成马牙槎，以增加墙身的稳定性；隔墙上部与楼板、屋面板相接处用立砖斜砌，使墙和楼板、屋面板挤紧，如图6-5所示；隔墙高度不宜超过4 m。

由于烧结普通砖隔墙的质量大且毁农田，不宜提倡，目前多采用轻质隔墙。

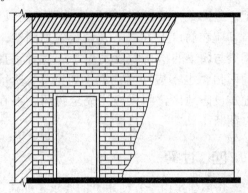

图6-5　隔墙构造

2. 空心砖隔墙

为了减小隔墙的自重，可采用空心砖砌筑。空心砖质轻、块大，目前常用的有烧结空心砖和炉渣空心砖。由于空心砖的吸水性能比较强，因此，在砌筑隔墙前先在隔墙下部砌2～3皮烧结普通砖，其他方法类似烧结普通砖隔墙。需注意的是，空心砖隔墙应整块砖砌筑，不够整块砖时宜用烧结普通砖填充，避免用碎空心砖。

3. 板材隔墙

加气混凝土板材的特点是块体大，其高度相当于房间高，为2 700～3 000 mm，可锯、钉、刨等，直接安装，在安装时板材之间的缝隙可用胶黏剂黏结，缝宽一般控制在2～3 m为宜。

六、窗台

窗台是设在窗洞口下部的构件，分内窗台和外窗台两种。外窗台的作用主要是排除窗面下落的雨水，保证窗户下部墙体的干燥，同时也对建筑的立面起装饰作用。采暖地区的建筑通常把散热片设在窗下，当墙体厚度在370 mm以上时，为了节省散热片占地面积，一般将窗下墙体内凹120 mm，形成散热器窝，此时就应设内窗台，以遮挡散热器窝上部的缺口。

1. 外窗台

外窗台应向外形成一定坡度，并用不透水材料做面层。

外窗台有悬挑和不悬挑两种。悬挑窗台常用砖砌或采用预制混凝土，其挑出的尺寸应不小于60 mm。砖砌外窗台有平砌和侧砌两种，窗台的坡度可以利用斜砌的砖形成，也可以在砖表面抹灰形成。悬挑外窗台应在下边缘做滴水，一般为半圆形凹槽，以免排水时雨水沿窗台底面流至下部墙体。

设置外窗台的目的本来是保护窗台下部墙体不受雨水侵袭，但由于窗台下部的滴水构造在施工时质量不易保证（图6-6），往往使部分雨水仍可流淌至窗下墙面，导致墙面产生脏水流淌的痕迹，影响建筑立面的美观。由于目前建筑外墙装饰材料的档次不断提高（如外墙釉面砖的大量采用），很多建筑取消了悬挑窗台，而用不悬挑窗台代替，即只在窗洞口下部用不透水材料做成斜坡。窗上淌下的雨水沿墙面下流，由于流水量大，前面的脏水会被后面的水冲刷干净。

2. 内窗台

内窗台的窗台板一般采用预制水磨石板或预制混凝土板制作，装修标准较高的房间也可以采用天然石材或仿石材料。窗台板一般靠窗间墙来支承，两端伸入墙内 60 mm，沿内墙面挑出约 40 mm。当窗下不设散热器窝时，也可以在窗洞下墙体中设置支架以固定窗台板。为了使散热器热量向上扩散，在窗洞口处形成热气幕，经常在窗台板上开设长形散热孔。

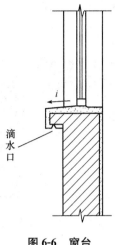

图 6-6　窗台

七、通风道

通风道是墙体中常见的竖向孔道，其目的是排除房间内部的污浊空气。虽然房间的通风换气主要依靠窗来进行，但对一些无窗的房间或受气候条件限制在冬季无法开窗换气的地区，就应当在人流集中、易产生烟气或不良气味的房间（如学校的教学楼、厕所，灶间，住宅的厨房、卫生间等）设置通风道。通风道的截面尺寸与房间的容积有关，应满足有关卫生标准对房间换气次数的规定。

通风道在设置时应符合以下条件：

(1)同层房间不应共用同一个通风道；

(2)北方地区建筑的通风道应设在内墙中，如必须设在外墙，通风道的边缘距外墙边缘的距离应大于 370 mm；

(3)通风道的墙上开口应距顶棚较近，距离一般为 300 mm；

(4)通风道凸出屋面部分应高于女儿墙或屋脊。

第二节　单层工业厂房构造

工业建筑作为建筑家庭中的重要成员之一，在工业生产和国民经济发展方面起到了十分重要的作用。工业厂房根据用途的不同，可以分为生产用、辅助生产用、动力用、仓储用、运输用五种；根据层数的不同，可以分为单层、多层和单层-多层混合三种；根据生产状况的不同，可以分为冷加工、热加工、恒温恒湿、洁净车间和有特殊介质的车间五种；根据结构形式的不同，可以分为墙承重结构和骨架承重结构两种。

排架结构的单层工业厂房是最有代表性的工业建筑，在结构形式、内部设备构件的受力、空间构成方面均与一般民用建筑有较大差异，特色鲜明。排架结构的单层工业厂房主要由以下几个部分组成(图6-7)。

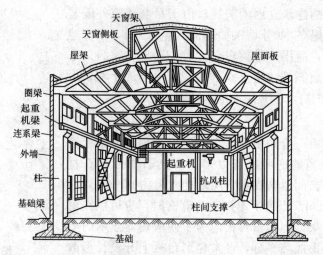

图 6-7　排架结构的单层工业厂房的构造

一、基础

基础位于厂房的最下部,承担厂房上部结构的全部荷载,并将这些荷载有效地传给地基,是厂房重要的结构构件之一。单层厂房的基础通常都是独立基础,如果厂房的钢筋混凝土柱采用现浇施工,就把基础和柱整浇在一起;如果厂房采用预制钢筋混凝土柱,则一般采用预制独立杯形基础。

1. 现浇柱下基础

当柱采用现浇钢筋混凝土柱时,由于基础与柱不同时施工,必须在基础顶面留出插筋,以便与柱连接。钢筋的数量和柱中纵向受力钢筋相同,其伸出长度应根据柱的受力情况、钢筋规格及接头方式(如是焊接接头还是绑扎接头)来确定。

2. 预制柱下基础

钢筋混凝土预制柱下基础顶部应做成杯口形,这种基础称为杯形基础。预制柱下基础是目前应用最广泛的一种形式。有时为了使安装在埋置深度不同的杯形基础中的柱规格统一、便于施工,可以将基础做成高杯基础。在伸缩缝处,双柱的基础可以做成双杯口形式。

二、柱

1. 排架柱

排架柱是厂房中最重要的竖向结构构件,它承担屋面荷载、起重机荷载和部分墙体荷载,同时还要承担风荷载和起重机产生的水平荷载。排架柱采用钢筋混凝土或型钢制作,当厂房的高度、跨度及起重机吨位较小时,一般可采用钢筋混凝土柱;当厂房的高度、跨度及起重机的吨位较大时,往往采用钢柱。当厂房设置起重机时,为了支撑起重机梁,需要在排架柱的适当部位设置牛腿。以牛腿为界,排架柱分为上柱和下柱。上柱主要承担屋盖系统荷载,一般是轴心受压的;下柱除承担上柱传来的荷载外,更主要的是承担起重机荷载,通常是偏心受压的。考虑到柱受力的合理性,下柱的截面往往设计成工字形。当柱的截面高度较大时，有时会采用双肢柱的形式。由于排架柱与厂房中许多构件有连系，而且这些构件一般都是预制的，因此，排架柱的许多部位留有预埋件，以便于这些构件的连接。

2. 抗风柱

由于单层工业厂房的山墙面积较大，所受到的风荷载就很大，因此，要在山墙处设置抗风柱来承受风荷载，使一部分风荷载由抗风柱直接传至基础，另一部分风荷载由抗风柱的上端(与屋架上弦连接)通过屋盖系统传到厂房纵向列柱上去。根据以上要求，抗风柱与屋架之间一般采用竖向可以移动、水平方向又具有一定刚度的 Z 形弹簧板连接，同时屋架与抗风柱间应留有不小于 150 mm 的间隙。若厂房沉降较大，可直接采用螺栓连接。一般情况下，抗风柱只需与屋架上弦连接。当屋架设有下弦横向水平支撑时，抗风柱可与屋架下弦连接，以作为抗风柱的另一支点。

三、屋盖系统

单层工业厂房的屋盖起着围护和承重两种作用，它包括承重构件(屋架、屋面大梁、托架、檩条)和屋面板两大部分。屋盖有两种承重体系，即无檩体系和有檩体系。

(一)无檩体系

无檩体系是常用的一种屋盖形式。其做法是将大型屋面板直接放置在屋架或屋面梁上，屋架或屋面梁放在柱上。无檩体系屋盖的整体性好、刚度大，可以保证厂房的稳定性，而且构件数量少，施工速度快，但自重较大。

(二)有檩体系

有檩体系屋盖的做法是将各种小型屋面板或瓦直接放在檩条上，檩条支撑在屋架或屋面梁上。檩条可以采用钢筋混凝土或型钢制成。

1. 屋架

当厂房跨度较大时，应采用屋架。屋架承担全部的屋面荷载，有时还要承担单轨悬挂起重机的荷载。屋架的形式有很多，如三角形屋架、梯形屋架、拱形屋架、折线形屋架等，跨度为 12 m、15 m、18 m、24 m、30 m、36 m 等。根据屋架的材料不同，屋架分为钢筋混凝土屋架、钢屋架和组合屋架。屋面梁一般采用钢筋混凝土制作，当跨度较大时，往往采用预应力混凝土屋面大梁。由于屋架上弦和屋面梁的顶面均带有坡度，因此，厂房屋面的坡度取决于屋架或屋面梁，属于结构找坡的形式。

2. 屋面梁

屋面梁是断面呈 T 形和工字形的薄腹梁，有单坡和双坡之分。

单坡屋面梁适用于 6 m、9 m、12 m 的跨度，双坡屋面梁适用于 9 m、12 m、15 m、18 m的跨度。

屋面梁的坡度比较平缓，一般为 1/12～1/10，适用于卷材屋面和非卷材屋面。屋面梁可以悬挂 5 t 以下的电动葫芦和梁式起重机。屋面梁的特点是形状简单、制作安装方便、稳定性好、可以不加支撑，但它的自重较大。

屋架与柱的连接一般采用焊接，即在柱头预埋钢板，在屋架下弦端部也设置预埋件，将两个预埋件通过焊接连接在一起。屋架与柱也可以采用螺栓连接，即在柱头预埋螺栓，在屋架下弦的端部焊接连接钢板，吊装就位后，用螺母将屋架拧牢。

3. 屋面板

可以用来作厂房屋面板的构件较多，如预应力混凝土大型屋面板、彩色压型钢板、水泥波形瓦等。

预应力混凝土大型屋面板是单层工业厂房常用的屋面覆盖材料，适用面较广，根据屋面板在屋面的位置不同，预应力混凝土大型屋面板还有一些配套构件，如檐口板、天沟板、嵌板等。

近年来，彩色压型钢板在建筑上的应用日益广泛，尤其在工业建筑领域更是常见。彩色压型钢板分为有保温层和无保温层两种，实现了屋面覆盖材料与屋面保温（隔热）层及构造层的统一，而且具有很好的装饰效果。

4. 屋盖支撑体系

在装配式单层厂房结构体系中，支撑虽然不是主要的承重构件，但有把屋盖系统各主要承重构件连系在一起的任务。通过屋盖支撑的作用，将厂房的骨架组合成具有极大刚度的结构空间。为了保证厂房的整体刚度和稳定性，要按照结构的要求，合理地布置支撑系统。

屋盖支撑包括横向水平支撑、纵向水平支撑、垂直支撑和纵向水平系杆等几部分。

四、起重机梁

当厂房设有桥式起重机（或支承式梁式起重机）时，需要在柱牛腿上设置起重机梁，并在起重机梁上敷设轨道供起重机运行。起重机梁直接承受起重机起重、运行、制动时产生的各种往复移动荷载。因此，起重机梁除要满足一般梁的承载力、抗裂度、刚度等要求外，还要满足疲劳强度的要求。同时，起重机梁还有传递厂房纵向荷载（如作用在山墙上的风荷载）、保证厂房纵向刚度和稳定性的作用，所以，起重机梁是厂房结构中的重要承重构件之一。

起重机梁可以用钢筋混凝土或型钢制作。钢筋混凝土起重机梁的断面多采用 T 形、工字形或变截面的鱼腹梁；钢制起重机梁多采用工字形截面。

五、基础梁、连系梁和圈梁

1. 基础梁

单层厂房的骨架承重结构由排架或钢架承担荷载，墙体只起围护作用，为了节省造价，保证墙体能与骨架一起沉降，要在墙体的底部设置基础梁，以承担墙体的荷载。基础梁靠基础支撑，通常搁置在杯形基础的杯口上。基础梁顶面的标高一般为 $-0.050 \sim -0.060$ m，当基础的埋深较大时，要采取相应的构造措施，如设置垫块、采用高杯基础或支承牛腿等。

由此可见，一般厂房常将外墙或内墙砌筑在基础梁上，基础梁两端搁置在柱基础的杯口顶面，这样可使内、外墙和柱沉降一致，墙面不易开裂。

2. 连系梁

连系梁是厂房排架柱之间的水平连系构件，对保证厂房的纵向刚度有重要的作用，通常设在排架柱的顶端、侧窗上部及牛腿处。连系梁分为设在墙内和不在墙内两种，前者还担负着承担上部墙体的任务，因此又称为墙梁。

墙梁分为非承重墙梁和承重墙梁两种。非承重墙梁的主要作用是增强厂房的纵向刚度，传递山墙传来的风荷载到纵向列柱上，减少砖墙或砌块墙的计算高度以满足其允许高厚比的要求，同时承受墙上的水平荷载，但它不起将墙体质量传给柱子的作用。因此，它与柱子的连接应做成只能传送水平力而不传递竖向力的形式，一般用螺栓或钢筋与柱拉结即可，而不将墙梁搁置在柱的牛腿上。承重墙梁除承重作用外，还承受墙体质量并传给柱，因此，它应搁置在柱的牛腿上，并焊接或用螺栓连接。承重墙梁一般用于高度大、刚度要求高、地基较差的厂房中。

3. 圈梁

圈梁具有保证厂房整体刚度的作用，但不承担上部的墙体荷载，因此，圈梁与连系梁和柱子的连接方式是不同的。

六、抗风柱

由于厂房山墙的面积较大，承受的风荷载也大，为了保证山墙的稳定，要在山墙处设置抗风柱。抗风柱的间距应当与排架柱的间距基本相同，顶端与屋盖系统弹性连接，以形成支座，改善抗风柱的受力状态。

七、墙体

墙体在骨架承重的厂房中只起围护作用，再加上厂房在热工方面的要求不高，厂房的墙体无论在构造、表面装饰和细部处理方面，还是在承重方面都显得比较简单。目前，厂房墙体所用的材料主要有砌体（砖或其他砌块）和墙板（包括保温墙板、不保温墙板、通透墙板等）两种。

八、大门、侧窗、天窗

1. 大门

厂房、仓库和车库等建筑，由于需经常搬运原材料、成品、生产设备及进出车辆等原因，需要能通行各种车辆。大门洞口的尺寸取决于各种车辆的外形尺寸和所运输物品的大小。

大门洞口的宽度一般应比运输车辆的宽度大 700 mm；洞口高度应比车体高度高出 200 mm，以保证车辆通行时不致碰撞大门门框。

2. 侧窗

侧窗是厂房主要的天然光源，同时还兼有通风的功能。为了躲开起重机梁的遮挡，侧窗一般分为两段，即低侧窗和高侧窗。由于厂房侧窗的面积较大，在一个窗洞内往往设置数个窗樘，这些窗的开启方式和层数可能有多种，把它们组合在一起并互相连接，就称为组合窗。

3. 天窗

在大跨度和多跨的单层工业厂房中，为了满足天然采光和自然通风的要求，常在厂房的屋顶上设置各种天窗，如图 6-8 所示。

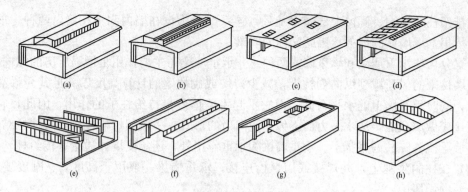

图 6-8　单层工业厂房屋顶的天窗

（a）、（b）矩形天窗；（c）三角形天窗；（d）采光带

（e）锯齿形天窗；（f）两侧下沉式天窗；（g）井式天窗；（h）横向下沉式天窗

当厂房有较高的通风要求时，往往也要通过设置天窗来解决，由于天窗是依靠热压通风的，通风的效果较好。天窗有上升式（包括矩形、梯形、M形）天窗、下沉式（横向下沉、纵向下沉）天窗、点式天窗和平天窗等多种形式。

通常，天窗都具有采光和通风的双重作用，但采光兼通风的天窗，一般很难保证排气的效果，故这种做法只用于冷加工车间；通风天窗排气稳定，多用于热加工车间。

第三节　楼梯、电梯与变形缝

一、楼梯

（一）楼梯的组成

楼梯由楼梯段、休息平台、栏杆（板）和扶手组成，如图 6-9 所示。

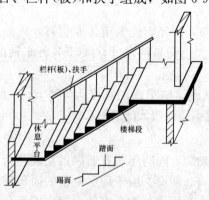

图 6-9　楼梯的组成

1. 楼梯段

楼梯段由若干个踏步构成。每个踏步一般由两个相互垂直的平面组成，供人们行走时踏脚的水平面称为踏面，与踏面垂直的平面称为踢面。踏面和踢面之间的尺寸关系决定了

楼梯的坡度。为了使人们上、下楼梯时不致过度疲劳及保证每段楼梯均有明显的高度感，我国规定每段楼梯的踏步数量应为3～18步。

踏面应平整、耐磨、便于清扫、防滑。一般建筑物的楼梯踏面用水泥砂浆抹面即可，使用要求较高的建筑物的楼梯踏面可做成水磨石面或缸砖贴面等。

由于楼梯段为倾斜构件，为避免行走时滑跌，应采取防滑措施，一般在踏面前方做防滑条，如图6-10所示。

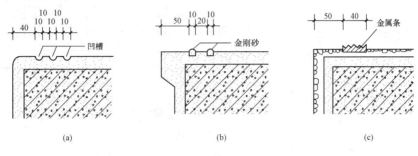

图6-10 踏步细部构造

2. 休息平台

建筑物的层高一般为3 m左右。当梯段踏步级数较多时，为了行走时能够调剂人们的疲劳感，往往将梯段分成几段（层高较小的建筑物也可为一段），中间设置休息平台以供休息，也起联系梯段与转换梯段方向的作用。

3. 栏杆(板)和扶手

大多数楼梯段至少有一侧是临空面。为了确保使用安全，应在楼梯段的临空面的边缘设置栏杆或栏板。当楼梯宽度较大时，还应当根据有关规定的要求在楼梯段的中部加设栏杆或栏板。在栏杆、栏板上部供人们用手扶持的连续斜向的构件称为扶手。

楼梯段栏杆的形式类似阳台栏杆，可用方钢、圆钢、扁钢或木材制作，其式样如图6-11所示。栏杆可焊在楼梯段的预埋件上，或者在楼梯段上预留孔洞，将栏杆插入后浇1:2的水泥砂浆或细石混凝土固定。

扶手一般用木材制作，形式不一，其截面形式如图6-12所示，宽度以能手握为原则。

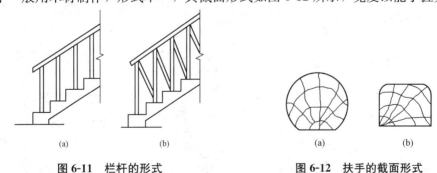

图6-11 栏杆的形式   图6-12 扶手的截面形式

(二)楼梯的分类及形式的选择

1. 楼梯的分类

建筑中楼梯的形式多种多样，应当根据建筑及其使用功能的不同等进行分类。楼梯按照位置，可以分为室内楼梯和室外楼梯；按照材料，可以分为钢筋混凝土楼梯、钢楼梯、木楼梯及组合材料楼梯；按照使用性质，可以分为主要楼梯、辅助楼梯、疏散楼梯及消防楼梯。

工程中，常按楼梯的平面形式进行分类。根据楼梯的平面形式，可以将其分为单跑直行楼梯、双跑直行楼梯、双跑平行楼梯、三跑折行楼梯、双分平行楼梯、双合平行楼梯、转角楼梯、双分转角楼梯、交叉跑(剪刀)楼梯、螺旋楼梯等，如图 6-13 所示。

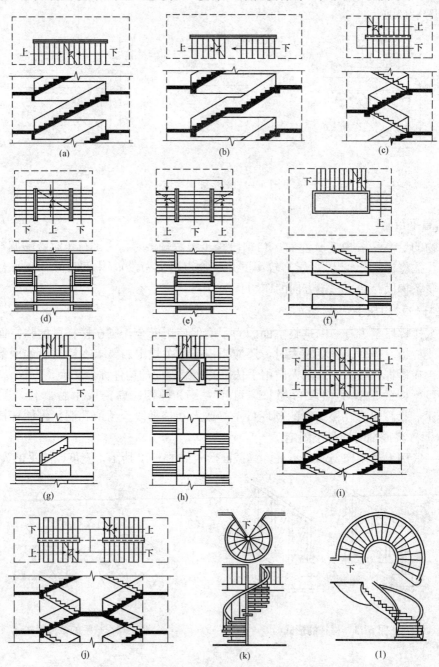

图 6-13　楼梯的分类

(a)单跑直行楼梯；(b)多跑直行楼梯；(c)双跑平行楼梯；(d)双分平行楼梯；
(e)双合平行楼梯；(f)双跑折行楼梯；(g)三跑折行楼梯；(h)设电梯的三跑折行楼梯；
(i)、(j)交叉跑(剪刀)楼梯；(k)螺旋楼梯；(l)弧形楼梯

2. 楼梯形式的选择

楼梯形式的选择主要取决于其所处的位置、楼梯间的平面形状与大小、楼层高低与层数、人流多少与缓急等因素，设计时需综合权衡这些因素。目前，在建筑中采用较多的是双跑平行楼梯(简称为双跑楼梯或两段式楼梯)，其他如三跑折行楼梯、双分平行楼梯、双合平行楼梯等均是在双跑平行楼梯的基础上变化而成的。螺旋楼梯对建筑室内空间具有良好的装饰性，适合在公共建筑的门厅等处设置。由于其踏步是扇面形的，交通能力较差，如果用于疏散目的，踏步尺寸应满足有关规范的要求。

(三)楼梯设计的具体要求

楼梯主要是供上、下层之间交通联系用的，楼梯设计时应满足下列要求。

1. 满足构造、施工方面的要求

楼梯作为上下通道，除本身质量较大外，使用荷载也比较大。因此，楼梯四周必须有坚固的墙体或框架来支承，并且具有足够的强度和刚度。

楼梯的设计、构造及造型应符合施工技术要求，以便于施工且造价合理。

2. 满足防火、安全疏散的要求

应从几个方面去考虑：一是楼梯的数量、位置、间距、梯段的宽窄要满足交通和疏散方面的要求；二是楼梯间必须有一定的采光和通风，以保证遇到火灾时停电后的采光要求及空气流通；三是楼梯四周墙体必须是耐火墙体，满足防火要求。

3. 满足美观的要求

楼梯也可作为一个装饰构件，故造型上应尽可能美观。

(四)楼梯各组成部分的尺寸要求

1. 楼梯的坡度和踏步尺寸

楼梯的坡度是指楼梯段沿水平面倾斜的角度。一般认为，楼梯的坡度小，踏步就平缓，行走就较舒适；反之，行走就较吃力。但楼梯段的坡度越小，它的水平投影面积就越大，即楼梯占地面积大。因此，应当兼顾使用性和经济性二者的要求，根据具体情况合理选择。人流集中或交通量大的建筑，楼梯的坡度宜小些，如医院、影剧院等。使用人数较少或交通量小的建筑，楼梯的坡度可以略大些，如住宅、别墅等。

楼梯的坡度一般为20°～45°，以30°左右为宜。小于20°形成坡道，大于45°则形成爬梯。

楼梯的坡度取决于踏步的高度(踢面)与宽度(踏面)之比。为使人们上、下楼时的感觉与在平地行走时接近，踏步的高度与人们的步距有关，宽度应与人的脚长相适应。

楼梯、爬梯、坡道的坡度范围如图 6-14 所示。

楼梯的坡度有两种表示方法：一种是用楼梯段和水平面的夹角表示，另一种是用踏面和踢面的投影长度之比表示。在实际工程中采用后者的居多。

由于建筑物的用途不同，其楼梯的坡度也不尽相同，一般民用建筑的楼梯踏步尺寸可参考表 6-2。

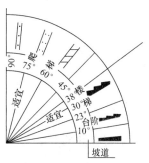

图 6-14 楼梯、爬梯、坡道的坡度范围

表 6-2　一般民用建筑的楼梯踏步尺寸　　　　　　　　　　　　　　　　mm

名　称	住宅	学校办公楼	剧院、会堂	医院(病人用)	幼儿园
踏步高度	156～175	140～160	120～150	150	120～150
踏步宽度	250～300	280～340	300～350	300	250～280

2. 楼梯段的宽度

楼梯段的宽度根据建筑物的使用情况等确定，其大小是使楼梯具有一定通行能力以保证人流畅通的必要条件，一般与通行人数(同时通行)有关。供单人通行时楼梯段的宽度不小于 900 mm；供双人通行时楼梯段的宽度为 1 100～1 400 mm；供三人通行时楼梯段的宽度为 1 650～2 100 mm。居住建筑楼梯净宽一般为 1 100 mm；公共建筑楼梯净宽一般为 1 500～2 000 mm。

辅助楼梯的宽度至少为 900 mm，作疏散用时不小于 1 100 mm。

平台宽度分为中间平台宽度和楼层平台宽度。平台宽度与楼梯宽度的尺寸关系如图 6-15 所示。对于多跑平行和折行等类型楼梯，其转向后的中间平台宽度应不小于楼梯段宽度，以保证通行和楼梯段同股数人流；同时，应便于家具搬运，医院建筑还应保证担架在平台处能转向通行，其中间平台宽度应不小于 1 800 mm。对于多跑直行楼梯，其中间平台宽度等于楼梯段宽度，或者不小于 1 000 mm。对于楼层平台宽度，则应比中间平台更宽松一些，以利于人流分配和停留。

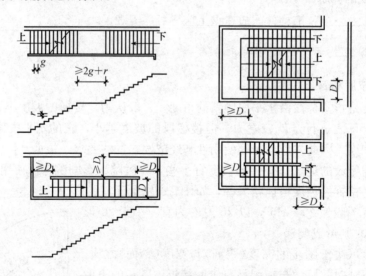

图 6-15　平台宽度与楼梯宽度的尺寸关系
D—梯段净宽度；g—踏面尺寸；r—踢面尺寸

3. 楼梯井的宽度

两段楼梯之间的空隙，称为楼梯井。楼梯井一般是为楼梯施工方便和安置栏杆扶手而设置的，其宽度一般在 100 mm 左右。但公共建筑楼梯井的净宽一般不应小于 150 mm。对于儿童经常使用的楼梯，当楼梯井净宽大于 200 mm 时，必须采取安全措施，以防止儿童坠落。

楼梯井从顶层到底层贯通，在多跑平行楼梯中，可无楼梯井，但为了楼梯段安装和平台转弯缓冲，也可设置楼梯井。为安全计，楼梯井的宽度应小一些。

4. 扶手的高度

一般楼梯扶手的高度为 900 mm，即从踏步的踏面宽度中点至扶手面的竖向高度，如图 6-16(a)所示。

顶层楼层平台的水平标杆(安全栏杆)扶手高度一般不小于 1 000 mm，如图 6-16(b)所示。

5. 楼梯的净空高度

楼梯的净空高度是指楼梯踏步或休息平台上(下)通行人时的竖向净空高度，计算时以踏步的踏面到顶棚的净高度来考虑，其净高必须保证行人及家具能顺利通过，通常不应小于 2 200 mm，如图 6-16(c)所示。在人流较少或次要出入口处，也不应小于 1 900 mm。

很多建筑物将出入口设在休息平台下方。这样，楼梯休息平台下的净高就不能满足使用上的要求，此时楼梯布置往往要作特殊处理，可将部分台阶移进室内。如果还不能满足要求，可同时将一层的楼梯段做成长短跑——第一楼梯段长、第二楼梯段短，从而抬高休息平台的高度，以满足使用上的要求。

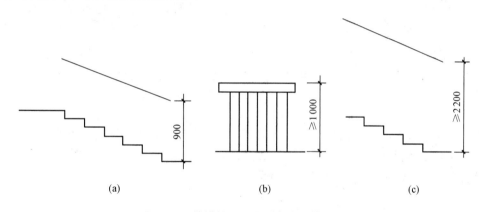

(a)　　　　　　　　　　(b)　　　　　　　　　　(c)

图 6-16　楼梯扶手及净空高度尺寸要求

(五)钢筋混凝土楼梯

钢筋混凝土楼梯按施工方法的不同，分为现浇钢筋混凝土楼梯和预制钢筋混凝土楼梯。

1. 现浇钢筋混凝土楼梯

现浇钢筋混凝土楼梯结构整体性好，刚度大，能适应各种楼梯间平面和楼梯形式，可以充分发挥钢筋混凝土的可塑性。但由于需要现场支模，模板耗费较大，施工周期较长，并且抽孔困难，不便做成空心构件，所以，混凝土用量和自重较大。按其形式的不同，一般有板式和梁板式之分。

(1)板式楼梯。板式楼梯是将楼梯段做成一块板底平整、板面上带有踏步的板，与平台、平台梁现浇在一起。楼梯段相当于一块斜放的现浇板，平台梁是支座，其作用是将楼梯段和平台上的荷载同时传给平台梁，再由平台梁传到承重横墙或柱上。从力学和结构角度分析，楼梯段板的跨度大或楼梯段上使用荷载大，都将导致梯段板的截面高度加大。这种楼梯构造简单、施工方便，但自重大、材料消耗多，适用于荷载较小、楼梯跨度不大的房屋，如图 6-17(a)所示。

有时为了保证平台过道处的净空高度，可以在板式楼梯的局部位置取消平台梁，这种楼梯称为折板式楼梯，如图 6-17(b)所示。此时，板的跨度应为梯段水平投影长度与平台深度尺寸之和。

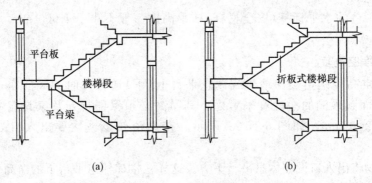

(a)   (b)

图 6-17　板式楼梯

(a)板式；(b)折板式

(2)梁板式楼梯。梁板式楼梯是指在板式楼梯的梯段板边缘处设有斜梁，斜梁由上、下两端平台梁支承的楼梯。作用在楼梯段上的荷载通过楼梯段斜梁传至平台梁，再传到墙或柱上。根据斜梁与楼梯段位置的不同，梁板式楼梯分为明步楼梯段和暗步楼梯段两种。这种楼梯的传力线路明确，受力合理，适用于荷载较大、楼梯跨度较大的房屋。

梁板式楼梯的斜梁一般设置在楼梯段的两侧，由上、下两端平台梁支承，如图 6-18(a)所示。有时为了节省材料，在楼梯段靠承重墙一侧不设斜梁，而由墙体支承踏步板。此时，踏步板一端搁置在斜梁上，另一端搁置在墙上，如图 6-18(b)所示。个别楼梯的斜梁设置在楼梯段的中部，形成踏步板向两侧悬挑的受力形式，如图 6-18(c)所示。

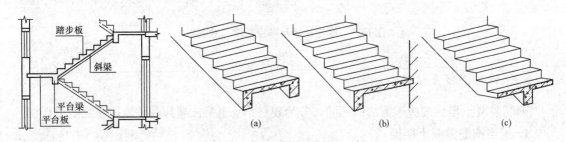

(a)   (b)   (c)

图 6-18　梁板式楼梯

(a)楼梯段两侧设斜梁；(b)楼梯段一侧设斜梁；(c)楼梯段中间设斜梁

梁板式楼梯的斜梁一般暴露在踏步板的下面，从楼梯段侧面就能看见踏步，俗称明步楼梯，如图 6-19(a)所示。明步楼梯在楼梯段下部形成梁的暗角，容易积灰，楼梯段侧面经常被清洗踏步的脏水污染，影响美观。另一种做法是把斜梁反设到踏步板上面，此时楼梯段下面是平整的斜面，俗称暗步楼梯，如图 6-19(b)所示。暗步楼梯弥补了明步楼梯的缺陷，但斜梁宽度要满足结构的要求，导致楼梯段的净宽变小。

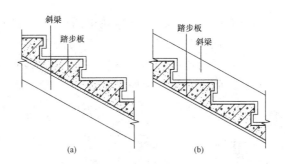

图 6-19 明步楼梯和暗步楼梯

(a)明步楼梯;(b)暗步楼梯

2. 预制钢筋混凝土楼梯

预制钢筋混凝土楼梯根据其生产、运输和吊装的不同,有许多不同的构件形式,大致可分为小型预制构件装配式楼梯和大型预制构件装配式楼梯两大类。

(1)小型预制构件装配式楼梯。常用的小型构件包括踏步板、斜梁、平台梁、平台板等单个构件,一般把踏步板作为基本构件。这类楼梯具有构件的生产、运输、安装方便的优点,但也存在施工难度大、施工进度慢、需要现场湿作业配合等缺点。小型构件中一般预制踏步和其支承结构是分开的。

1)预制踏步的断面形式。预制踏步的断面形式一般有一字形、L形、三角形,如图6-20所示。

一字形踏步制作比较方便,施工时在踏板之间可用立砖做踢板,然后用1:2的水泥砂浆抹面,如图6-20(a)所示。

L形踏步就是将踏板和踢板作为一个小构件,有正L形——肋向上[图6-20(b)]和倒L形——肋向下[图6-20(c)]两种。

三角形踏步的最大优点是拼装后底板平整。为了减轻自重,在构件内可抽孔,形成空心踏步,如图6-20(d)所示。

在预制踏步时能把面层及防滑条做好,则更为方便。

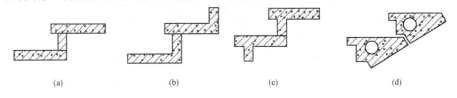

图 6-20 预制踏步类型

(a)一字形;(b)正L形;(c)倒L形;(d)三角形

2)预制踏步的支承结构。预制踏步的支承结构一般有墙支承和梁支承两种。

①墙支承楼梯:将踏步板搁置于墙上,如图6-21所示,适用于单跑楼梯或中间有电梯间的三跑楼梯。由于施工时将踏步板逐级砌入墙中,会给砌墙工程带来不便。

②梁支承楼梯:由踏步板、斜梁、平台梁组成,如图6-22所示。安装时先放平台梁,后放斜梁,再放踏步板。斜梁的形式根据预制踏步形式的不同而不同。当预制踏步为一字形、L形时,斜梁可做成锯齿形梁,如图6-22(a)所示;当预制踏步为三角形时,斜梁可做成斜面形梁,如图6-22(b)所示。

（2）大型预制构件装配式楼梯。它是将楼梯段与中间平台板一起组成一个构件，从而可以减少预制构件的种类和数量，简化施工过程，降低劳动强度，加快施工速度，但施工时需用中型及大型吊装设备，主要用于装配工业化建筑中。楼梯段也可分为板式和梁板式，支承在预制的平台梁上，它们之间也是预埋中焊接。

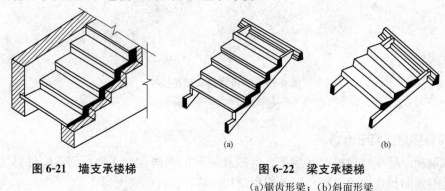

图 6-21　墙支承楼梯　　　　图 6-22　梁支承楼梯
　　　　　　　　　　　　　　　（a）锯齿形梁；（b）斜面形梁

二、电梯

建筑设计规范规定，7 层以上住宅建筑须设置电梯。有的建筑物虽不到 7 层，但有其特殊使用要求的，也应设置电梯，如医院的住院部、高级宾馆、办公楼等。

电梯通常由井道、轿厢和机房三部分组成，如图 6-23 所示。轿厢供人们乘电梯之用，由电梯厂家设计生产。井道是轿厢运行的通道，可用砖砌或钢筋混凝土浇筑。在每层楼地面处设置出入口。机房一般设置在井道的上方，既可用砖砌，也可用钢筋混凝土浇筑。不同的厂家提供的设备尺寸、运行速度及对土建的要求都不同，在设计时应按厂家提供的产品尺寸进行设计。

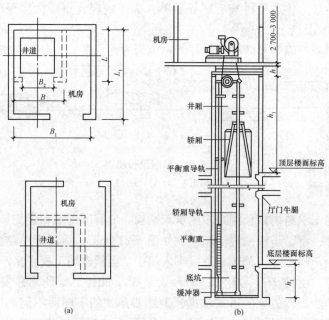

图 6-23　电梯组成示意
（a）平面图；（b）剖面图

三、变形缝

建筑物在温度变化、地基不均匀沉降和地震等外界因素的作用下，在结构内部将产生附加应力和变形，造成建筑物的开裂和变形，甚至引起结构破坏，影响建筑物的安全使用。为避免发生上述情况，可以采取以下措施：一是加强房屋的整体性，使其具有足够的强度和刚度，以抵抗外界因素的破坏作用；二是在房屋结构薄弱的部位设置构造缝，将建筑物分成若干个在结构和构造上相对独立的单元，以保证各部分能自由变形、互不干扰。这种在建筑各个部分之间人为设置的构造缝，称为变形缝。

变形缝按其功能不同分为三种类型，即伸缩缝、沉降缝和防震缝。

1. 伸缩缝

当建筑物的长度很大时，其胀缩变形尤为明显，这种变形可能引起建筑物在长度方向开裂甚至破坏。为了防止这种破坏，应在建筑物长度方向的适当位置上竖向做缝隙，以便将建筑物的各个部分限制在胀缩变形的允许范围内，从而保证建筑物在温度变化时各部分都能自由胀缩，互不影响，这种缝隙称为伸缩缝，也称为温度缝。表 6-3、表 6-4 列出了砌体房屋和钢筋混凝土结构伸缩缝最大间距的规定，其他有关注解见相关的规范说明。

表 6-3　砌体房屋伸缩缝的最大间距　　　　　　　　　　　　m

屋盖或楼盖类别		间距
整体式或装配整体式钢筋混凝土结构	有保温层或隔热层的屋盖、楼盖	50
	无保温层或隔热层的屋盖	40
装配式无檩体系钢筋混凝土结构	有保温层或隔热层的屋盖、楼盖	60
	无保温层或隔热层的屋盖	50
装配式有檩体系钢筋混凝土结构	有保温层或隔热层的屋盖	75
	无保温层或隔热层的屋盖	60
瓦材屋盖、木屋盖或楼盖、轻钢屋盖		100

注：1. 对烧结普通砖、烧结多孔砖、配筋砌块砌体房屋，取表中数值；对石砌体、蒸压灰砂普通砖、蒸压粉煤灰普通砖、混凝土砌块、混凝土普通砖和混凝土多孔砖房屋，取表中数值乘以 0.8 的系数；当墙体有可靠外保温措施时，其间距可取表中数值。

2. 在钢筋混凝土屋面上挂瓦的屋盖应按钢筋混凝土屋盖采用。

3. 层高大于 5 m 的烧结普通砖、烧结多孔砖、配筋砌块砌体结构单层房屋，其伸缩缝间距可按表中数值乘以 1.3。

4. 温差较大且变化频繁地区和严寒地区不采暖的房屋及构筑物墙体的伸缩缝的最大间距，应按表中数值予以适当减小。

5. 墙体的伸缩缝应与结构的其他变形缝重合，缝宽度应满足各种变形缝的变形要求；在进行立面处理时，必须保证缝隙的变形作用。

表 6-4　钢筋混凝土结构伸缩缝的最大间距　　　　　　　　　　　　m

结　构　类　别		室内或土中	露　天
排架结构	装配式	100	70
框架结构	装配式	75	50
	现浇式	55	35

结 构 类 别		室内或土中	露 天
剪力墙结构	装配式	65	40
	现浇式	45	30
挡土墙、地下室墙壁等结构	装配式	40	30
	现浇式	30	20

考虑到地面以上部分（如屋顶、墙体）等受温度变化影响较大，而地下部分（基础）受温度变化的影响不大，故伸缩缝的构造要求是：墙体、楼板、屋顶等构件都断开，而基础则不必断开；伸缩缝的宽度一般为 20～40 mm。

2. 沉降缝

沉降缝是为了预防建筑物各部分由于不均匀沉降发生破坏而设置的变形缝。沉降缝一般与伸缩缝合并设置，兼起伸缩缝的作用，但伸缩缝不可代替沉降缝。沉降缝的形式与伸缩缝基本相同，只是盖缝板在构造上应保证两侧单元在竖向上能自由沉降。

当房屋相邻部分的高度、荷载、结构形式有很大的差别，而地耐力又较低时，地基产生不同的压缩，致使房屋产生不均匀的沉降，从而导致房屋建筑某些薄弱部位发生错位开裂甚至破坏。为避免这种破坏的发生，应在建筑物的适当位置上设置竖直的缝隙，将其分隔成独立的结构单元，以保证各单元能自由沉降，互不干扰。这种缝隙称为沉降缝。

沉降缝应设置在建筑物的下列部位：

(1)当建筑物平面组合有转折时，需在转折处设置，如图 6-24(a)所示。

(2)当建筑物出现不同的高度、荷载、结构时，需在其差异处设置，如图 6-24(a)所示。

(3)当建筑物分期建造时，应在其交界处设置，如图 6-24(b)所示。

(4)当建筑物建造在地耐力相差很大的地基上时，需在建筑物所在的地基交界处设置，如图 6-24(b)所示。

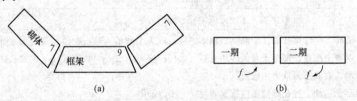

图 6-24 沉降缝设置部位

由于建筑物发生的沉降是竖直方向的，所以，沉降缝的构造要求是：建筑物由上至下必须全部设置沉降缝，即屋顶、楼板、墙体、基础等构件全部断开。其宽度与房屋的高度、地基情况有关，具体规定见表 6-5。

表 6-5 沉降缝的宽度

地基性质	房屋高度	沉降缝的宽度/mm	地基性质	房屋高度	沉降缝的宽度/mm
一般地基	<5 m	30	软弱地基	2 或 3 层	50～80
	5～10 m	50		4 或 5 层	80～120
	10～15 m	70		5 层以上	≥120
			湿陷性黄土地基	—	≥30～70

由上可知，沉降缝的宽度一般较伸缩缝大，二者在构造要求上既有相同之处，也有不同之处，沉降缝可以起伸缩缝的作用，所以，当建筑物同时要求做伸缩缝和沉降缝时，应尽可能地把它们合并，合并后这个缝隙同时起伸缩缝、沉降缝的作用，构造上应满足二者的要求。但伸缩缝不能代替沉降缝，这是因为伸缩缝两侧只能左右伸缩而不能上下自由沉降。

3. 防震缝

防震缝的作用是将建筑物分成若干体形简单、结构刚度均匀的独立单元，防止建筑物各部分在地震时相互拉伸、挤压或扭转，造成变形和破坏。防震缝应沿建筑的全高设置，缝的两侧应布置墙或柱，形成双墙、双柱或一墙一柱，使各部分封闭，以增加刚度，如图 6-25 所示。由于建筑物的底部受地震影响较小，一般情况下基础不设防震缝。当防震缝与沉降缝合并设置时，基础也应设缝断开。

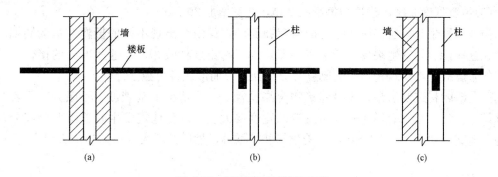

图 6-25　防震缝两侧结构布置
(a)双墙方案；(b)双柱方案；(c)一墙一柱方案

我国是一个地震多发的国家。因此，防震缝一般在有抗震设防的地区进行房屋建筑时需要考虑。

强烈地震对地面上的建筑破坏性很大。地震烈度是指地震时在一定地点震动的强烈程度，它是衡量地面及建筑物遭遇地震的破坏程度。地震烈度分为 12 个等级，1～5 度地区建筑物遭到破坏的可能性很小，如 1 度地区人无感觉；2 度地区室内个别静止中的人有感觉；3 度地区室内多数人有感觉，室外少数人有感觉，少数人从梦中惊醒，门窗轻微作响，悬挂物微动；4 度地区室内多数人有感觉，室外少数人有感觉，少数人从梦中惊醒，门窗轻微作响，悬挂物微动；5 度地区室内人普遍有感觉，室外多数人有感觉，多数人从梦中惊醒，门窗、屋架颤动作响，灰土掉落，抹灰出现微细裂缝，不稳定器物翻倒。1～5 度地区主要以地面上人的感觉为主。10 度以上地区一般不宜建造建筑物，如 10 度地区人处于不稳定状态，建筑物倒塌，不堪修复；11 度、12 度地区建筑物毁灭。只有在 6～9 度地区建造房屋时才应考虑抗震设防。因为有抗震设防要求的建筑物造价一般高于无抗震设防要求的建筑物。

在我国抗震设防的目标是：当遭受相当于本地区抗震设防烈度的多遇地震影响时，一般不受损坏或不需修理即可继续使用；当遭受相当于本地区抗震设防烈度的地震影响时，可能损坏，经一般修理或不需修理仍可继续使用；当遭受高于本地区抗震设防烈度预估的罕遇地震影响时，不致倒塌或发生危及生命的严重破坏。以上简称"三水准设防"，即"小震不坏，中震可修，大震不倒"。

当建造的建筑物遇到下列情况时，应结合抗震设计规范要求，考虑设置防震缝。

（1）建筑平面形体复杂，有较长的凸出部分，如 L 形、U 形、T 形、山字形等，应设缝将它们分开，使各部分平面形成简单规整的独立单元。

（2）建筑物立面高差在 6 m 以上。

（3）建筑有错层且错层楼板高差较大。

（4）建筑物相邻部分的结构刚度和质量相差悬殊。

防震缝的宽度一般根据所在地区地震烈度和建筑物的高度来确定。一般多层砌体结构建筑的缝宽为 50～100 mm。多层钢筋混凝土框架结构中，建筑物高度在 15 m 及 15 m 以下时，缝宽为 70 mm。当建筑物高度超过 15 m 时，按地震烈度在缝宽 70 mm 的基础上增大的缝宽为：

（1）地震烈度 7 度，建筑物每增高 4 m，缝宽增加 20 mm；

（2）地震烈度 8 度，建筑物每增高 3 m，缝宽增加 20 mm；

（3）地震烈度 9 度，建筑物每增高 2 m，缝宽增加 20 mm。

当地震发生时，这些情况组合的房屋在震动过程中会出现不同的振幅和运动周期，经常会在这些接合处发生裂缝、断裂等现象。为了防止这种破坏，在这些部分的接合处预留竖直的防震缝，将建筑物不同的刚度部分相互分离而形成各个独立部分。

防震缝的构造要求是，应沿建筑物全高设置，一般情况下基础可以不断开，但若与沉降缝结合设计，基础必须断开。防震缝的宽度要大些，以免地震发生时缝隙两侧部分发生碰撞。缝宽一般为 50～70 mm，随着建筑物的增高、烈度的增大，可适当加大缝宽。

第四节　建筑的其他常见构造

房屋中有许多构造与建筑的结构形式关系不大，虽然有时构造做法会根据结构或材料的不同略有差异，但构造的原理是相同的。下面介绍一些建筑中常见的构造。

一、台阶与坡道

为防止雨水灌入，保持室内干燥，建筑首层室内地面与室外地面均设有高差。民用房屋室内地面通常高于室外地面 300 mm 以上，单层工业厂房室内地面通常高于室外地面 150 mm。因此，在房屋出入口处应设置台阶或坡道，以满足室内外的交通联系方便等要求，如图 6-26 所示。

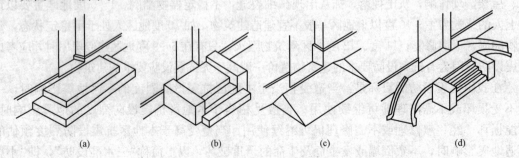

（a）　　　　　　（b）　　　　　　（c）　　　　　　（d）

图 6-26　台阶与坡道

（a）三面踏步式；（b）单面踏步式；（c）坡道式；（d）踏步坡道结合式

1. 台阶

台阶应具有抗冻性和耐磨性。台阶的基础较为简单，挖去腐殖土做一层垫层即可。一般情况下，台阶的施工是在建筑物主体结构施工完毕并有了一定的沉降后做，从而避免台阶与建筑物之间出现裂缝。

台阶的面层用水泥砂浆抹面即可，使用要求较高的建筑物台阶可用水磨。

2. 坡道

一些大型公共建筑物的室外门前为便于车辆行驶，出入口处也常做成坡道，其坡度小于20%。

有的建筑物为了满足人员和车辆出入的需要，同时设置台阶和坡道，如图6-27所示。

坡道也应满足抗冻性和表面耐磨的要求。为了防滑，其表面常做成锯齿形。

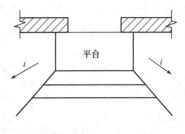

图6-27　台阶与坡道

二、散水、明沟和勒脚

为了保证建筑四周地下部分不受雨水侵蚀，使基础周边的环境更加有利，应当控制基础周围土壤的含水率，以确保基础的使用安全。目前，经常采用在建筑物外墙根部四周设置散水或明沟的办法，把建筑物上部下落的雨水尽快排走。

1. 散水

散水又称散水坡或护坡，是沿建筑物外墙四周设置的向外倾斜的坡面，其作用是将屋面下落的雨水排到远处，从而保护建筑四周的土壤不受雨水冲刷，以降低基础周围土壤的含水率。在降雨量较大的地区，散水是建筑物的必备构件。

散水的宽度应比建筑物的屋檐挑出宽度大 100～200 mm，一般宽度为 500～1 200 mm，向外倾斜坡度 $i=2\%～5\%$，且外缘比周围地面高出 20～50 mm，可用砖、块石、混凝土制作。

散水通常采用不透水的材料做面层，如混凝土、水泥砂浆等，一般采用混凝土或碎砖混凝土做垫层。土壤冻深在 600 mm 以上的地区，宜在散水垫层下面设置砂垫层，以免散水被土壤冻胀破坏。砂垫层的厚度与土壤的冻胀程度有关，通常砂垫层的厚度在 300 mm 左右。降水量较少地区的建筑或临时建筑也可铺设砖、块石，然后用水泥砂浆勾缝做散水。

2. 明沟

明沟又称排水沟、阳沟。明沟的排水速度较快，一般在降水量较大的地区采用，并布置在建筑物的四周。明沟的作用是将屋面下落的雨水引至集水井，并排入地下排水管道。明沟通常采用混凝土浇筑，也可以用砖、石砌筑，并用水泥砂浆抹面。

明沟的横截面尺寸应视当地雨水量而定，一般沟深为 100～300 mm，沟宽为150～300 mm，其中心线至外墙面的距离应和屋檐宽度相等，沟底面应有不小于 1% 的纵向排水坡度，以便于将雨水排向集水口，流入下水管道系统中，其使用材料同散水。

3. 勒脚

外墙身与室外地面接近的部位称为勒脚。其作用是保护墙体。勒脚部位经常接触地面雨水、吸收地下上层中的水分等，这些水分会造成墙体材料(尤其是砖砌墙体)风化、墙面潮湿、粉刷脱落，从而影响到房屋的坚固、耐久、使用及美观。因此，勒脚部位应采取防潮、防水的措施。

为了达到保护墙体的目的，勒脚的高度一般应在 500 mm 以上，有时为了满足建筑立面形象的要求，经常把勒脚顶部提高至首层窗台处。

目前，勒脚通常用饰面的办法，即采用密实度大的材料来处理勒脚部分的墙体。常见的做法有水泥砂浆抹灰、贴面砖、贴天然石材等。

散水、明沟和勒脚的位置关系是，勒脚在外墙面上，而散水、明沟则在与勒脚相接触的地面上，如图 6-28 所示。其作用是将建筑物周围地面上的积水迅速排走。散水是将雨水散开到离建筑物较远的地面上，属于自由排水方式。

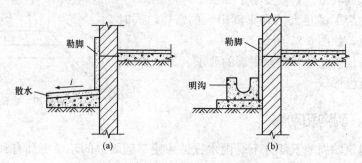

图 6-28　散水、明沟和勒脚的位置关系
(a)散水和勒脚的位置关系；(b)明沟和勒脚的位置关系

三、防潮层

建筑被埋置在地下部分的墙体和基础会受到土壤中潮气、地下水和地表水的影响，这些水汽进入地下部分的墙体和基础材料的孔隙内形成毛细水，毛细水沿墙体上升，逐渐使地上部分的墙体潮湿，影响建筑的正常使用和安全，如图 6-29 所示。为了隔阻毛细水的上升，需要在墙体中的适当部位设置防潮层。

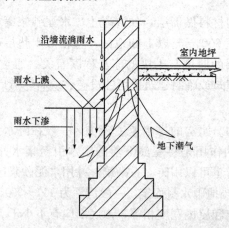

图 6-29　地下潮气对墙身的影响示意

防潮层一般设置在室外地坪之上室内地坪以下的墙体上，如图 6-30(a)所示，且房屋所有的墙体均应设置防潮层并形成连续封闭状。当基础墙两侧有不同标高的室内地坪时，应在墙体上设置两道水平防潮层，并在高室内地坪一侧的墙面上做一道竖直防潮层，将两道水平防潮层连接起来，如图 6-30(b)所示。

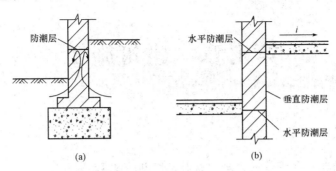

图 6-30　防潮层的设置

防潮层根据其所选用材料的不同，一般分为油毡防潮层、防水砂浆防潮层、细石钢筋混凝土防潮层等类型。油毡防潮层的防潮效果好，有一定韧性，但阻隔了墙体与基础之间的连接，从而降低了建筑物的抗振(震)能力，故油毡防潮层不宜用于有强烈振动或地震区的建筑物。防水砂浆防潮层施工简便，且能与砌体结合成一体，但砂浆属于脆性材料，在地基产生不均匀沉降时容易出现裂缝，影响防潮效果。细石钢筋混凝土防潮层不但与砌体能很好地结合为一体，而且抗裂性能也较好，故细石钢筋混凝土防潮层适用于整体性要求较高、地基条件较差、有抗震要求的建筑物中。

本章小结

本章主要介绍了建筑构造组成的基础知识，内容包括民用建筑构造，单层工业厂房构造，楼梯、电梯与变形缝，建筑的其他常见构造等。通过本章的学习，学生应对建筑构造组成有一定的认识，为日后设计、施工打下基础。

思考与练习

1. 民用建筑由哪些部分组成？各组成部分的作用是什么？
2. 工业厂房可分为哪几类？
3. 楼梯由哪几个部分组成？每一楼梯段的踏步级数一般控制在几级？
4. 楼梯如何分类？
5. 楼梯设计的具体要求有哪些？
6. 变形缝有哪几种？
7. 什么情况下需设置伸缩缝？其作用是什么？
8. 沉降缝应设置在建筑物的哪些部位？
9. 防震缝的作用是什么？
10. 明沟的横截面尺寸有哪些要求？

第七章　建筑施工

1. 了解建筑施工组织设计的概念、原则、作用、内容。
2. 了解建筑工程测量的任务、作用、内容、基本原则。
3. 掌握土方工程、浅基础施工的内容、技术要求。
4. 掌握砖砌体、石砌体、小型砌块砌体施工工艺。
5. 掌握混凝土结构工程的种类、组成及施工工艺流程。
6. 掌握建筑屋面防水工程的构造组成。
7. 掌握抹灰工程的分类、组成；掌握饰面板安装和饰面砖镶贴的基本要求；掌握楼地面工程的组成与分类；掌握涂饰工程的质量要求与施工方法。

能力目标

1. 能够对建筑施工组织设计和建筑工程测量有初步的认识，以便日后进行深入的学习。
2. 能够了解土方工程、基础工程、砌筑工程、混凝土结构工程、建筑屋面防水工程、装饰工程施工基础，具备初级的施工技能。

第一节　建筑施工组织设计

一、建筑施工程序

建筑施工是建筑施工企业的基本任务，建筑施工的成果是完成各类工程项目的最终产品。将各方面的力量，各种要素如人力、资金、材料、机械、施工方法等科学地组织起来，使工程项目施工工期短、质量好、成本低，迅速发挥投资效益，提供优良的工程项目产品，这是建筑施工组织设计的根本任务。建筑施工程序是指工程项目整个施工阶段所必须遵循的顺序，它是经多年经验总结的客观规律，一般是指从接受施工任务直到交工验收所包括的各主要阶段的先后次序。施工程序可划分为以下几个阶段。

1. 投标与签订合同阶段

建筑施工企业承接施工任务的方式有：建筑施工企业自己主动对外接受的任务或建设单位主动委托的任务；参加社会公开的投标后，中标而得到的任务；国家或上级主管单位统一安排，直接下达的任务。在市场经济条件下，建筑施工企业和建设单位自行承接和委托的施工任务较多，采用招标投标的方式发包和承包。建筑施工任务是建筑业和基本建设管理体制改革的一项重要措施。

无论以哪种方式承接施工项目，施工单位都必须同建设单位签订施工合同。签订了施工合同的施工项目，才算是落实的施工任务。当然，签订施工合同的施工项目，必须是经建设单位主管部门正式批准的，有计划任务书、初步设计和总概算，已列入年度基本建设计划，落实了投资的建筑项目，否则不能签订施工合同。

施工合同是建设单位与施工单位签订的具有法律效力的文件。双方必须严格履行施工合同，任何一方因不履行施工合同而给对方造成的损失，都要负法律责任和进行赔偿。

2. 施工准备阶段

施工准备工作是建筑施工顺利进行的根本保证。施工准备工作主要有：技术准备、物资准备、劳动组织准备、施工现场准备和施工场外准备。当一个施工项目进行了图纸会审，编制和批准了单位工程的施工组织设计、施工图预算和施工预算，组织好材料、半成品和构配件的生产和加工运输，组织好施工机具进场，搭设了临时建筑物，建立了现场管理机构，调遣了施工队伍，拆迁完原有建筑物，搞好了"三通一平"，进行了场区测量和建筑物定位放线等准备工作后，施工单位即可向主管部门提出开工报告。

3. 施工阶段

施工阶段是一个自开工至竣工的实施过程。在施工中，施工企业努力做好动态控制工作，保证质量目标、进度目标、造价目标、安全目标、节约目标的实现；管好施工现场，实行文明施工；严格履行施工合同，处理好内外关系，管好施工合同变更及索赔；做好记录、协调、检查、分析工作。施工阶段的目标是完成合同规定的全部施工任务，达到验收、交工的条件。

4. 竣工验收阶段

竣工验收阶段也可称为结束阶段。它包括：工程收尾；进行试运转；接受正式验收；整理、移交竣工文件，进行工程款结算，总结工作，编制竣工总结报告；办理工程交付手续；解体项目经理部等。其目标是对项目成果进行总结、评价，对外结清债权债务，结束交易关系。

5. 后期服务阶段

后期服务阶段是施工项目管理的最后阶段，即在竣工验收后，按合同规定的责任期进行用后服务、回访与保修。它包括：为保证工程正常使用而做必要的技术咨询和服务；进行工程回访，听取使用单位的意见，总结经验教训，观察使用中的问题并进行必要的维护、维修和保修；进行沉降、抗震等性能观察等。

二、建筑施工组织设计的概念

建筑施工组织设计是以施工项目为对象编制的，用以指导施工的技术、经济和管理的综合性文件。

建筑施工组织设计的任务是对具体的拟建工程（建筑群或单个建筑物）的施工准备工作和整个施工过程，在人力和物力、时间和空间、技术和组织上，作出一个全面且合理，符合好、快、省、安全要求的计划安排。

建筑施工组织设计为对拟建工程施工的全过程实行科学管理提供重要手段。通过建筑施工组织设计的编制，可以全面考虑拟建工程的各种具体条件，扬长避短地拟定合理的施工方案，确定施工顺序、施工方法、劳动组织和技术经济的组织措施，统筹合理地安排拟定施工进度计划，保证拟建工程按期投产或交付使用；也可以为拟建工程的设计方案在经济上的合理性、技术上的科学性和实施工程的可能性进行论证提供依据；还可以为建设单位编制基本建设计划和施工企业编制施工计划提供依据。依据建筑施工组织设计，施工企业可以提前掌握人力、材料和机具使用上的先后顺序，全面安排资源的供应与消耗；合理地确定临时设施的数量、规模和用途，以及临时设施、材料和机具在施工场地上的布置方案。

建筑施工组织设计是施工准备工作的一项重要内容，同时也是指导各项施工准备工作的重要依据。

三、建筑施工组织设计的原则与依据

1. 建筑施工组织设计的原则

(1)符合施工合同或招标文件中有关工程进度、质量、安全、环境保护、造价等方面的要求；

(2)积极开发、使用新技术和新工艺，推广应用新材料和新设备；

(3)坚持科学的施工程序和合理的施工顺序，采用流水施工和网络计划等方法，科学配置资源，合理布置现场，采取季节性施工措施，实现均衡施工，达到合理的经济技术指标；

(4)采取技术和管理措施，推广建筑节能和绿色施工；

(5)与质量、环境和职业健康安全三个管理体系有效结合。

2. 建筑施工组织设计的依据

(1)与工程建设有关的法律、法规和文件。

(2)国家现行有关标准和技术经济指标。

(3)工程所在地区行政主管部门的批准文件、建设单位对施工的要求。

(4)工程施工合同或招标投标文件。

(5)工程设计文件。

(6)工程施工范围内的现场条件，工程地质及水文地质、气象等自然条件。

(7)与工程有关的资源供应情况。

(8)施工企业的生产能力、机具设备状况、技术水平等。

四、建筑施工组织设计的作用和分类

1. 建筑施工组织设计的作用

(1)建筑施工组织设计作为投标书的核心内容和合同文件的一部分，用于指导工程投标与签订施工合同。

(2)建筑施工组织设计是施工准备工作的重要组成部分，同时又是做好施工准备工作的依据，进而保证各施工阶段准备工作的及时进行。

(3)建筑施工组织设计是根据工程各种具体条件拟定的施工方案、施工顺序、劳动组织和技术组织措施等，是指导开展紧凑、有序施工活动的技术依据，它明确施工重点和影响工期进度的关键施工过程，并提出相应的技术、质量、安全、文明等各项目标及技术组织措施，提高综合效益。

（4）建筑施工组织设计所提出的各项资源需用量计划，直接为组织材料、机具、设备、劳动力需用量的供应和使用提供数据，协调各总包单位与分包单位、各工种、各类资源、资金、时间等方面在施工程序、现场布置和使用上的相应关系。

（5）通过编制建筑施工组织设计，可以合理利用和安排为施工服务的各项临时设施，可以合理地部署施工现场，确保文明施工和安全施工。

（6）通过编制建筑施工组织设计，可以将工程的设计与施工、技术与经济、施工全局性规律和局部性规律、土建施工与设备安装、各部门各专业之间有机结合，统一协调。

（7）通过编制建筑施工组织设计，可分析施工中的风险和矛盾，及时研究解决问题的对策、措施，从而提高施工的预见性，减少盲目性。

2. 建筑施工组织设计的分类

建筑施工组织设计是一个总的概念，根据建设项目的类别、工程规模、编制阶段、编制对象和范围的不同，在编制的深度和广度上也会有所不同。

（1）按编制阶段的不同分类，如图 7-1 所示。

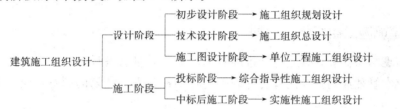

图 7-1　建筑施工组织设计的分类

（2）按编制对象范围的不同分类。建筑施工组织设计按编制对象范围的不同，可分为施工组织总设计、单位工程施工组织设计和分部分项工程施工组织设计三种。

1）施工组织总设计以一个建设项目或一个建筑群为对象编制，对整个建设工程的施工过程的各项施工活动进行全面规划、统筹安排和战略部署，是全局性施工的技术经济文件。施工组织总设计最主要的作用是为施工单位进行全场性的施工准备和组织人员、物资供应等提供依据。施工组织总设计的主要内容有工程概况、施工部署和施工方案、施工准备工作计划、各项资源需用量计划、施工总进度计划、施工总平面图、技术经济指标分析。

2）单位工程施工组织设计是以一个单位工程为对象编制的；是用于直接指导施工全过程的各项施工活动的技术经济文件；是指导施工的具体文件；是施工组织总设计的具体化。由于它是以单位工程为对象编制的，可以在施工方法、人员、材料、机械设备、资金、时间、空间等方面进行科学合理的规划，使施工在一定的时间、空间和资源供应条件下，有组织、有计划、有秩序地进行，实现质量好、工期短、资金省、消耗少、成本低的良好效果。单位工程施工组织设计的主要内容包括工程概况、施工方案、施工进度计划、施工准备工作计划、各项资源需用量计划、施工平面图、技术经济指标、安全文明施工措施。

3）分部分项工程施工组织设计或作业计划针对某些较重要，技术复杂，施工难度大或采用新工艺，新材料，新技术施工的分部分项工程。它用来具体指导这些工程的施工，如深基础、无黏结预应力混凝土、大型安装、高级装修工程等，其内容具体详细，可操作性强，可直接指导分部分项工程施工的技术计划，包括施工方案、进度计划、技术组织措施等，一般在单位工程施工组织设计确定施工方案后，由项目部技术负责人编制。

五、建筑施工组织设计的内容

建筑施工组织设计的内容是根据不同工程的特点和要求，以及现有的和可能创造的施工条件，从实际出发，决定各种生产要素(材料、机械、资金、劳动力和施工方法等)的结合方式。建筑施工组织设计应包括编制依据、工程概况、施工部署、施工进度计划、施工准备与资源配置计划、主要施工方法、施工现场平面布置及主要施工管理计划等基本内容。

在不同设计阶段编制的建筑施工组织设计文件，内容和深度不尽相同，其作用也不一样。一般来说，施工组织条件设计是概略的施工条件分析，提出创造施工条件和建筑生产能力配备的规划；施工组织总设计是对施工进行总体部署的战略性施工纲领；单位工程施工组织设计则是详尽的实施性的施工计划，用以具体指导现场施工活动。

六、建筑施工组织管理计划

建筑施工组织管理计划应包括进度管理计划、质量管理计划、安全管理计划、环境管理计划、成本管理计划及其他管理计划等内容。各项管理计划的制订，应根据项目的特点有所侧重。

1. 进度管理计划

(1)项目施工进度管理应按照项目施工的技术规律和合理的施工顺序，保证各工序在时间上和空间上的顺利衔接。

(2)进度管理计划应包括下列内容：

1)对项目施工进度计划进行逐级分解，通过阶段性目标的实现保证最终工期目标的完成。

2)建立施工进度管理的组织机构并明确职责，制定相应管理制度。

3)针对不同施工阶段的特点，制定进度管理的相应措施，包括施工组织措施、技术措施和合同措施等。

4)建立施工进度动态管理机制，及时纠正施工过程中的进度偏差，并制定特殊情况下的赶工措施。

5)根据项目周边环境特点，制定相应的协调措施，减少外部因素对施工进度的影响。

2. 质量管理计划

(1)质量管理计划可参照《质量管理体系　要求》(GB/T 19001—2016)，在施工单位质量管理体系的框架内编制。

(2)质量管理计划应包括下列内容：

1)按照项目具体要求确定质量目标并进行目标分解，质量指标应具有可测量性。

2)建立项目质量管理的组织机构并明确职责。

3)制定符合项目特点的技术保障和资源保障措施，通过可靠的预防控制措施，保证质量目标的实现。

4)建立质量过程检查制度，并对质量事故的处理作出相应规定。

3. 安全管理计划

(1)安全管理计划可参照《职业健康安全管理体系 要求及使用指南》(GB/T 45001—2020)，在施工单位安全管理体系的框架内编制。

(2)安全管理计划应包括下列内容：

1)确定项目重要危险源，制定项目职业健康安全管理目标。

2)建立有管理层次的项目安全管理组织机构并明确职责。

3)根据项目特点，进行职业健康安全方面的资源配置。

4)建立具有针对性的安全生产管理制度和职工安全教育培训制度。

5)针对项目重要危险源，制定相应的安全技术措施；对达到一定规模的危险性较大的分部分项工程和特殊工种的作业应制订专项安全技术措施的编制计划。

6)根据季节、气候的变化制定相应的季节性安全施工措施。

7)建立现场安全检查制度，并对安全事故的处理作出相应规定。

(3)现场安全管理应符合国家和地方政府部门的要求。

4. 环境管理计划

(1)环境管理计划可参照《环境管理体系 要求及使用指南》(GB/T 24001—2016)，在施工单位环境管理体系的框架内编制。

(2)环境管理计划应包括下列内容：

1)确定项目重要环境因素，制定项目环境管理目标。

2)建立项目环境管理的组织机构并明确职责。

3)根据项目特点进行环境保护方面的资源配置。

4)制定现场环境保护的控制措施。

5)建立现场环境检查制度，并对环境事故的处理作出相应的规定。

(3)现场环境管理应符合国家和地方政府部门的要求。

5. 成本管理计划

(1)成本管理计划应以项目施工预算和施工进度计划为依据编制。

(2)成本管理计划应包括下列内容：

1)根据项目施工预算，制定项目施工成本目标。

2)根据施工进度计划，对项目施工成本目标进行阶段分解。

3)建立施工成本管理的组织机构并明确职责，制定相应的管理制度。

4)采取合理的技术、组织和合同等措施，控制施工成本。

5)确定科学的成本分析方法，制定必要的纠偏措施和风险控制措施。

(3)必须正确处理成本与进度、质量、安全和环境等之间的关系。

6. 其他管理计划

(1)其他管理计划应包括绿色施工管理计划，防火保安管理计划，合同管理计划，组织协调管理计划，创优质工程管理计划，质量保修管理计划，以及对施工现场人力资源、施工机具、材料设备等生产要素的管理计划等。

(2)其他管理计划可根据项目的特点和复杂程度加以取舍。

(3)各项管理计划的内容应有目标，有组织机构，有资源配置，有管理制度和技术、组织措施等。

第二节　建筑工程测量

一、建筑工程测量的任务

建筑工程测量属于工程测量学范畴，它是建筑工程在勘察设计、施工建设和组织管理等阶段，应用测量仪器和工具，采用一定的测量技术和方法，根据工程施工进度和质量要求，完成应进行的各种测量工作。建筑工程测量的主要任务如下：

(1)大比例尺地形图的测绘，将工程建设区域内的各种地面物体的位置、性质及地面的起伏形态，依据规定的符号和比例尺绘制成地形图，为工程建设的规划设计提供需要的图纸和资料。

(2)施工放样和竣工测量，将图上设计的建(构)筑物按照设计的位置在实地标定出来，作为施工的依据；配合建筑施工，进行各种测量工作，保证施工质量；开展竣工测量，为工程验收、日后扩建和维修管理提供资料。

(3)建(构)筑物的变形观测，对一些大型的、重要的或位于不良地基上的建(构)筑物，在施工运营期间，为了确保安全，需要了解其稳定性，定期进行变形观测，同时，变形观测可作为对设计、地基、材料、施工方法等的验证依据和起到提供基础研究资料的作用。

二、建筑工程测量的作用

建筑工程测量在工程建设中有着广泛的应用，它服务于工程建设的每一个阶段。

(1)在工程勘测阶段，测绘地形图为规划设计提供各种比例尺的地形图和测绘资料。

(2)在工程设计阶段，应用地形图进行总体规划和设计。

(3)在工程施工阶段，要将图纸上设计好的建(构)筑物的平面位置和高程按设计要求测设于实地，以此作为施工的依据；在施工过程中用于土方开挖、基础和主体工程的施工测量；在施工中还要经常对施工和安装工作进行检验、校核，以保证所建工程符合设计要求；工程竣工后，还要进行竣工测量。施工测量及竣工测量可供日后扩建和维修之用。

(4)在工程管理阶段，对建(构)筑物进行变形观测，以保证工程的安全使用。

总而言之，在工程建设的各个阶段都需要进行测量工作，并且测量的精度和速度直接影响到整个工程的质量和进度。

三、建筑工程测量的工作内容

地面点的空间位置是以地面点在投影平面上的坐标(x, y)和高程(H)决定的。然而，在实际工作中，x、y、H的值一般不是直接测定的，而是表示观测未知点与已知点之间相互位置关系的基本要素，利用已知点的坐标和高程，用公式推算未知点的坐标和高程。

如图7-2所示，设A、B为坐标、高程已知的点，C为待定点，欲确定C点的位置，即求出C点的坐标和高程。若观测了B点和C点之间的高差h_{BC}、水平距离D_{BC}和未知方向与已知方向之间的水平角β_1，则可利用公式推算出C点的坐标(x_C, y_C)和高程H_C。

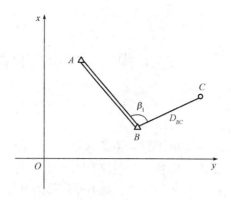

图 7-2　测量基本工作示意

由此可知，确定地面点位的基本要素是水平角、水平距离和高差。高差测量、角度测量、距离测量是测量工作的基本内容。

四、建筑工程测量的基本原则

无论是测绘地形图还是施工放样，都会不可避免地产生误差。如果从一个测站点开始，不加任何控制地依次逐点施测，前一点的误差将传递到后一点，逐点累积，点位误差将越来越大，达到不可容许的程度。另外，逐点传递的测量效率也很低。因此，测量工作必须按照一定的原则进行。

1."从整体到局部，先控制后碎部"的原则

无论是测绘地形图还是施工放样，在测量过程中，为了减少误差的累积，保证测区内所测点的必要精度，首先应在测区选择一些有控制作用的点（称为控制点），将它们的坐标和高程精确测定出来，然后分别以这些控制点作为基础，测定出附近碎部点的位置。这样，不仅可以很好地限制误差的积累，还可以通过控制测量将测区划分为若干个小区，同时展开几个工作面施测碎部点，加快测量进度。

2."边工作边检核"的原则

测量工作一般分外业工作和内业工作两种。外业工作的内容包括应用测量仪器和工具在测区内所进行的各种测定和测设工作；内业工作是将外业观测的结果加以整理、计算，并绘制成图以便使用，测量成果的质量取决于外业，但外业又要通过内业才能得出成果。

为了防止出现错误，无论外业或内业，都必须坚持"边工作边检核的原则"，即每一步工作均应进行检核，前一步工作未作检核，不得进行下一步工作。这样，不仅可大大减少测量成果出错的概率，同时，由于每步都有检核，还可以及早发现错误，减少返工重测的工作量，从而保证测量成果的质量和较高的工作效率。

五、建筑工程测量的基本要求

测量工作是一项严谨、细致的工作，可谓"失之毫厘，谬以千里"，因此，在建筑工程测量过程中，测量人员必须坚持"质量第一"的观点，以严肃、认真的工作态度，保证测量成果的真实性、客观性和原始性，同时要爱护测量仪器和工具，在工作中发扬团队精神，并做好测量工作的记录。

第三节　土方工程与浅基础工程施工

一、土方工程施工

土方工程是建筑工程施工的首项工程，主要包括土的开挖、运输和填筑等施工，有时还要进行排水、降水和土壁支护等准备与辅助工作。土方工程具有量大面广、劳动繁重和施工条件复杂等特点，受气候、水文、地质、地下障碍等因素影响较大，不确定因素较多，存在较大的危险性。因此，在施工前必须做好调查研究，选用合理的施工方案，采用先进的施工方法和施工机械，以保证工程的质量和安全。

常见的土方工程施工包括平整场地、挖基槽、挖基坑、挖土方、回填土等。

(1)平整场地。平整场地是指工程破土开工前对施工现场厚度在300 mm以内地面的挖填和找平。

(2)挖基槽。挖基槽是指挖土宽度在3 m以内且长度大于宽度3倍时设计室外地坪以下的挖土。

(3)挖基坑。挖基坑是指挖土底面积在20 m² 以内且长度小于或等于宽度3倍时设计室外地坪以下的挖土。

(4)挖土方。凡是不满足上述平整场地、挖基槽、挖基坑条件的土方开挖，均为挖土方。

(5)回填土。回填土可分为夯填和松填。基础回填土和室内回填土通常都采用夯填。

二、浅基础工程施工

基础的类型与建筑物的上部结构形式、荷载大小、地基的承载能力、地基土的地质与水文情况、基础选用的材料性能等因素有关，构造方式也因基础样式及选用材料的不同而不同。浅基础一般指基础埋深为3～5 m，或者基础埋深小于基础宽度的基础，且通过排水、挖槽等普通施工即可建造的基础。

浅基础按受力特点可分为刚性基础和柔性基础。用抗压强度较大，而抗弯、抗拉强度较小的材料建造的基础，如砖、毛石、灰土、混凝土、三合土等基础均属于刚性基础。用钢筋混凝土建造的基础叫作柔性基础。

浅基础按构造形式分为单独基础、带形基础、交梁基础、筏板基础等。单独基础也称为独立基础，是柱下基础的常用形式，截面可做成阶梯形或锥形等。带形基础是指长度远大于其高度和宽度的基础，常见的是墙下条形基础，材料有砖、毛石、混凝土和钢筋混凝土等。交梁基础是在柱下带形基础不能满足地基承载力要求时，将纵横带形基础连成整体而成，使基础纵、横两向均具有较大的刚度。当柱或墙体传递荷载过大，且地基土较软弱，采用单独基础或条形基础都不能满足地基承载力要求时，往往需要将整个房屋底面做成整体连续的钢筋混凝土板，作为房屋的基础，称为筏板基础。

浅基础按材料不同可分为砖基础、毛石基础、灰土基础、碎砖三合土基础、混凝土和钢筋混凝土基础。

（一）常见刚性基础施工

刚性基础所用的材料，如砖、石、混凝土等，其抗压强度较高，但抗拉及抗剪强度偏低。因此，用此类材料建造的基础，应保证其基底只受压，不受拉。由于受到压力的影响，基底应比基顶墙（柱）宽些。根据材料受力的特点，不同材料构成的基础，其传递压力的角度也不同。刚性基础中的压力分布角 α 称为刚性角。在设计中，应尽量使基础大放脚与基础材料的刚性角一致，以确保基础底面不产生拉应力，最大限度地节约基础材料。刚性基础如图 7-3 所示。

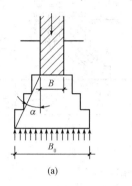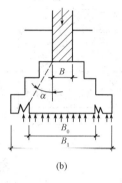

(a)   (b)

图 7-3　刚性基础

(a)基础受力在刚性角范围以内；(b)基础宽度超过刚性角范围而破坏

1. 毛石基础

毛石基础是用强度较高而未风化的毛石砌筑的。毛石基础具有强度较高、抗冻、耐水、经济等特点。毛石基础的断面尺寸多为阶梯形，并常与砖基础共用作为砖基础的底层。为保证黏结紧密，每一阶梯宜用三排或三排以上的毛石砌筑，由于毛石基础尺寸较大，毛石基础的宽度及台阶高度不应小于 400 mm，如图 7-4 所示。

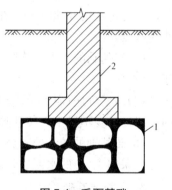

图 7-4　毛石基础

1—毛石基础；2—基础墙

施工要点如下：

（1）毛石基础应采用铺浆法砌筑，砂浆必须饱满，叠砌面的粘灰面积（砂浆饱和度）应大于 80%。

（2）砌筑毛石基础的第一皮石块应坐浆，并将石块的大面朝下，毛石基础的转角处、交接处应采用较大的平毛石砌筑。

（3）毛石基础宜分皮卧砌，各皮石块间应利用毛石自然形状经敲打修整使其能与先砌毛石基本吻合、搭砌紧密；毛石应上下错缝，内外搭砌，不得采用先砌外面侧立毛石、后中间填心的砌筑方法。

（4）毛石基础的灰缝厚度宜为 20～30 mm，石块间不得有相互接触现象。石块间较大的空隙应先填塞砂浆后用碎石块嵌实，不得采用先摆碎石块后塞砂浆或干填碎石块的方法。

（5）毛石基础的扩大部分，如做成阶梯形，上级阶梯的石块应至少压砌下级阶梯石块的 1/2，相邻阶梯的毛石应相互错缝搭砌；对于基础临时间断处，应留阶梯形斜槎，其高度不应超过 1.2 m。

2. 砖基础

砖基础具有就地取材、价格便宜、施工简便等特点，在干燥和温暖地区应用广泛。

施工要点如下：

(1)砖基础一般下部为大放脚，上部为基础墙。大放脚有等高式和间隔式，即等高式大放脚是每砌两皮砖，两边各收进 1/4 砖长(60 mm)；间隔式大放脚是每砌两皮砖及一皮砖，交替砌筑，两边各收进 1/4 砖长(60 mm)，但最下面应为两皮砖，如图 7-5 所示。

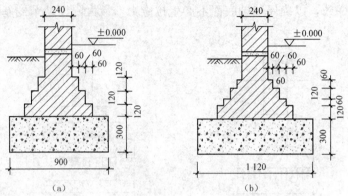

图 7-5　砖基础

(a)等高式；(b)间隔式

(2)砖基础大放脚一般采用一顺一丁砌筑形式，即一皮顺砖与一皮丁砖相间，上、下皮竖向灰缝相互错开 60 mm。在砖基础的转角处、交接处，为错缝需要应加砌配砖(3/4 砖、半砖或 1/4 砖)。

(3)砖基础的水平灰缝厚度和竖向灰缝厚度宜为 10 mm，水平灰缝的砂浆饱满度不得小于 80%。

(4)砖基础底面标高不同时，应从低处砌起，并应由高处向低处搭砌；当设计无要求时，搭砌长度不应小于砖基础大放脚的高度。

(5)砖基础的转角处和交接处应同时砌筑，当不能同时砌筑时应留成斜槎。基础墙的防潮层应采用 1:2 的水泥砂浆。

3. 混凝土基础

混凝土基础具有坚固、耐久、耐水、刚性角大、可根据需要任意改变形状的特点，常用于地下水水位较高、受冰冻影响的建筑。混凝土基础台阶宽高比为 1:1～1:1.5，实际使用时可将基础断面做成梯形或阶梯形，如图 7-6 所示。

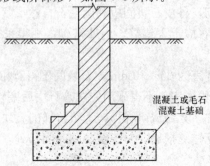

图 7-6　混凝土基础

(二)常见柔性基础施工

刚性基础受其刚性角的限制，若基础宽度大，相应的基础埋深也应加大，这样会增加材料消耗和挖方量，也会影响施工工期。在混凝土基础底部配置受力钢筋，利用钢筋受拉使基础承受弯矩，如此也就不受刚性角的限制，所以，钢筋混凝土基础也称为柔性基础。采用钢筋混凝土基础比采用混凝土基础可节省大量的混凝土材料和挖土工程量，如图 7-7 所示。常用的柔性基础包括独立柱基础、条形基础、杯形基础、筏形基础、箱形基础等。

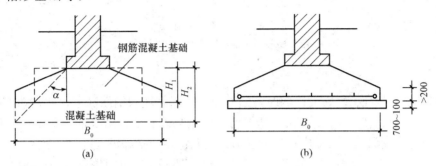

图 7-7　柔性基础

(a)混凝土基础与钢筋混凝土基础的比较；(b)基础配筋

钢筋混凝土基础断面可做成梯形，高度不小于 200 mm，也可做成阶梯形，每踏步高300～500 mm。通常情况下，钢筋混凝土基础下面设有 C10 或 C15 素混凝土垫层，厚度为100 mm；无垫层时，钢筋保护层厚度为 75 mm，以保护受力钢筋不锈蚀。

1. 独立柱基础

常见独立柱基础的形式有矩形、阶梯形、锥形等，如图 7-8 所示。

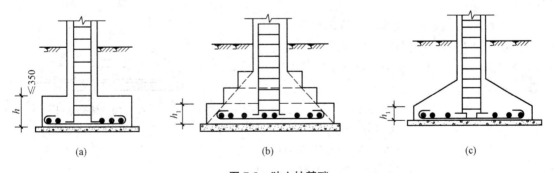

图 7-8　独立柱基础

(a)矩形；(b)阶梯形；(c)锥形

施工工艺流程：清理，浇筑混凝土垫层→绑扎钢筋→支设模板→清理→浇筑混凝土→已浇筑完的混凝土，应在 12 h 左右覆盖和浇水→拆除模板。

2. 条形基础

常见条形基础的形式有锥形板式、锥形梁板式、矩形梁板式等，如图 7-9 所示。

条形基础的施工工艺流程与独立柱基础的施工工艺流程十分近似。

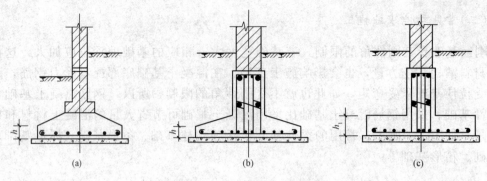

图 7-9 条形基础
(a)锥形板式；(b)锥形梁板式；(c)矩形梁板式

施工要点如下：

(1)当基础高度在 900 mm 以内时，插筋伸至基础底部的钢筋网上，并在端部做成直弯钩；当基础高度较大时，位于柱四角的插筋应伸至基础底部，其余的钢筋伸至锚固长度即可。插筋伸出基础部分的长度应按柱的受力情况及钢筋规格确定。

(2)钢筋混凝土条形基础，在 T 形、L 形与"十"字交接处的钢筋沿一个主要受力方向通长设置。

(3)浇筑混凝土时，时常观察模板、螺栓、支架、预留孔洞和预埋管有无位移情况，一经发现应停止浇筑，待修整和加固模板后再继续浇筑。

3. 杯形基础

杯形基础如图 7-10 所示。

施工要点如下：

(1)将基础控制线引至基槽下，做好控制桩，并核实准确。

(2)将垫层混凝土振捣密实，表面抹平。

(3)利用控制桩定位施工控制线、基础边线至垫层表面，复查地基垫层标高及中心线位置，确定无误后，绑扎基础钢筋。

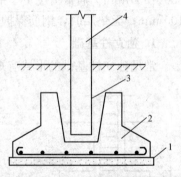

图 7-10 杯形基础
1—垫层；2—杯形基础；
3—杯口；4—钢筋混凝土柱

(4)自下往上支设杯形基础第一层、第二层外侧模板并加固，外侧模板一般用钢模现场拼制。

(5)支设杯芯模板，杯芯模板一般用木模拼制。

(6)进行模板与钢筋的检验，做好隐蔽验收记录。

(7)施工时应先浇筑杯底混凝土，在杯底一般有 50 mm 厚的细石混凝土找平层，应仔细留出。

(8)分层浇筑混凝土。浇筑混凝土时，须防止杯芯模板上浮或向四周偏移，注意控制坍落度(最好控制在 70~90 mm)及浇筑下料速度，在混凝土浇筑到高于上层侧模 50 mm 左右时，稍做停顿，在混凝土初凝前，接着在杯芯四周对称均匀下料振捣。特别注意混凝土必须连续浇筑，在混凝土分层时须把握好初凝时间，保证基础的整体性。

(9)杯芯模板的拆除视气温情况而定。在混凝土初凝后终凝前，将模板分体拆除或用撬棍撬动杯芯模板进行拆除，须注意拆模时间，以免破坏杯口混凝土，并及时进行混凝土养护。

4. 筏形基础

筏形基础如图 7-11 所示。

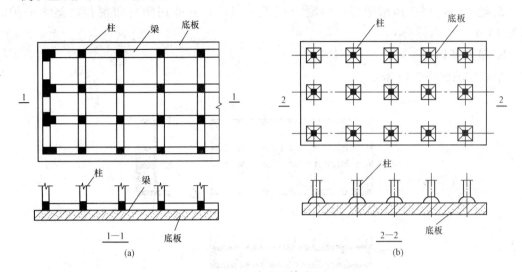

图 7-11　筏形基础
(a)梁板式；(b)平板式

施工要点如下：

(1)根据在防水保护层弹好的钢筋位置线，先铺钢筋网片的长向钢筋，后铺短向钢筋，钢筋接头尽量采用焊接或机械连接，要求接头在同一截面相互错开 50%，同一根钢筋在 35d(d 为钢筋直径)或 500 mm 的长度内不得存在两个接头。

(2)绑扎地梁钢筋。在平放的梁下层水平主筋上，用粉笔画出箍筋间距，箍筋与主筋垂直放置，箍筋转角与主筋交点均要绑扎，主筋与箍筋非转角部分的相交点呈梅花形交错绑扎，箍筋的接头即弯钩叠合处沿地梁水平筋交错布置绑扎。

(3)根据确定好的柱和墙体位置线，将暗柱和墙体插筋绑扎就位，并和底板钢筋点焊牢固，要求接头均相错 50%。

(4)支垫保护层。底板下垫块保护层厚度为 35 mm，梁柱主筋保护层厚度为 25 mm，外墙迎水面厚度为 35 mm，外墙内侧及内墙厚度均为 15 mm，保护层垫块间距厚度为 600 mm，呈梅花形布置。设计有特殊要求时，按设计要求施工。

(5)砌筑砖胎膜前，待垫层混凝土达到 25%设计强度后，垫层上放线超出基础底板外轮廓线 40 mm，砌筑时要求拉通线，采用一顺一丁及"三一"砌筑方法，在转角处或接口处留出接槎口，墙体要求垂直。

(6)模板要求板面平整、尺寸准确、接缝严密；模板组装成型后进行编号，安装时用塔式起重机将模板初步就位，然后根据位置线加水平和斜向支撑进行加固，并调整模板位置，使模板的垂直度、刚度、截面尺寸符合要求。

(7)基础混凝土一次性浇筑，间歇时间不能过长，混凝土浇筑顺序由一端向另一端浇筑，采用踏步式分层浇筑、分层振捣，以使水泥水化热尽量散失；振捣时要快插慢拔，逐点进行，对边角处多加注意，不得漏振，且尽量避免碰撞钢筋、芯管、止水带、预埋件等，每一插点要掌握好振捣时间，一般为 20~30 s，时间过短不易振实，时间过长易引起混凝土离析。

(8)混凝土浇筑完后要进行多次抹面，并覆盖塑料布，以防表面出现裂缝，在终凝前移开塑料布再进行搓平，要求搓压三遍，最后一遍抹压要掌握好时间，以终凝前为准，终凝时间可用手压法把握；混凝土搓平完成后，立即用塑料布覆盖，浇水养护时间为 14 d。

5. 箱形基础

箱形基础如图 7-12 所示。

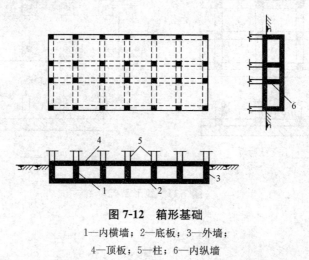

图 7-12　箱形基础
1—内横墙；2—底板；3—外墙；
4—顶板；5—柱；6—内纵墙

施工要点如下：

(1)箱形基础基坑开挖。基坑开挖时应验算边坡稳定性，并注意对基坑邻近建筑物的影响；基坑开挖时如有地下水，应采用明沟排水或井点降水等方法，保持作业现场的干燥；基坑检验后，应立即进行基础施工。

(2)基础施工时，基础底板，顶板及内、外墙的支模、钢筋绑扎和混凝土浇筑可进行分次连续施工。

(3)箱形基础施工完毕应立即回填土，尽量缩短基坑暴露时间，并且做好防水工作，以保持基坑内的干燥状态，然后分层回填并夯实。

第四节　砌筑工程施工

一、脚手架工程及垂直运输设施施工

1. 脚手架工程施工

脚手架是砌筑过程中堆放材料和工人进行操作的临时设施。当砌体砌到一定高度时(即可砌高度或一步架高度，一般为 1.2 m)，砌筑质量和效率将会受到影响，这就需要搭设脚手架。砌筑用脚手架必须满足以下基本要求：脚手架的宽度应满足工人操作、材料堆放及运输要求，一般为 2 m，且不得小于 1.5 m；脚手架结构应有足够的强度、刚度和稳定性，保证在施工期间的各种荷载作用下，脚手架不变形、不摇晃和不倾斜；脚手架应构造简单、便于装拆和搬运，并能多次周转使用；过高的外脚手架应有接地和避雷装置。

脚手架的种类很多，按其搭设位置可分为外脚手架和里脚手架两大类；按其所用材料可分为木脚手架、竹脚手架和钢管脚手架；按其构造形式可分为多立杆式脚手架、门式脚手架、悬挑式脚手架及吊脚手架等。目前，脚手架的发展趋势是采用高强度金属制作的、具有多种功用的组合式脚手架，其可以适应不同情况下作业的要求。

2. 垂直运输设施施工

砌筑工程所需的各种材料绝大部分需要通过垂直运输设施运送到各施工楼层，因此，砌筑工程的垂直运输工程量很大。目前，担负垂直运输建筑材料和供人员上、下的常用垂直运输设施有井架、龙门架、施工升降机等。

(1)井架是施工中最常用、最简便的垂直运输设施，它稳定性好，运输量大。除用型钢或钢管加工的定型井字架外，还可以用多种脚手架材料现场搭设井架。井架内设有吊篮，一般的井架多为单孔井架，但也可构成双孔或多孔井架，以满足同时运输多种材料的需要，如图 7-13 所示。

(2)龙门架是由支架和横梁组成的门形架。在门形架上安装滑轮、导轨、吊篮、安全装置、起重锁、缆风绳等部件构成一个完整的龙门架，如图 7-14 所示。

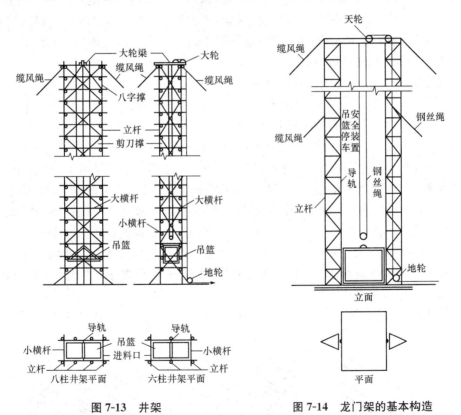

图 7-13　井架　　　　　图 7-14　龙门架的基本构造

(3)施工升降机又称为施工外用电梯，多数为人货两用，少数专供货用。施工升降机按其驱动方式可分为齿条驱动和绳轮驱动两种。齿条驱动施工升降机又可分为单吊箱(笼)式和双吊箱(笼)式两种，并装有可靠的限速装置，适用于 20 层以上的建筑工程；绳轮驱动施工升降机为单吊箱(笼)式，无限速装置，轻巧便宜，适用于 20 层以下的建筑工程。

二、砖砌体施工

砖砌体施工通常包括找平、放线，摆砖样，立皮数杆，盘角，挂线，砌筑，刮缝、清理等工序。

1. 找平、放线

砌砖墙前，应在基础防潮层或楼层上定出各层的设计标高，并用 M7.5 的水泥砂浆或 C10 的细石混凝土找平，使各段墙体的底部标高均在同一水平标高上，以利于墙体交接处的搭接施工和确保施工质量。外墙找平时，应采用分层逐渐找平的方法，确保上、下两层与外墙之间不出现明显的接缝。

根据龙门板上给定的定位轴线或基础外侧的定位轴线桩，将墙体轴线、墙体宽度线、门窗洞口线等引测至基础顶面或楼板上，并弹出墨线。二楼以上各层的轴线可用经纬仪或垂球(线坠)引测。

2. 摆砖样

摆砖样是在放线的基础顶面或楼板上，按选定的组砌形式进行干砖试摆，应做到灰缝均匀、门窗洞口两侧的墙面对称，并尽量使门窗洞口之间或与墙垛之间的各段墙长为 1/4 砖长的整数倍，以便减少砍砖、节约材料、提高工效和施工质量。摆砖用的第一皮摆底砖的组砌一般采用"横丁纵顺"的顺序，即横墙均摆丁砖，纵墙均摆顺砖，并可按下式计算丁砖层排砖数 n 和顺砖层排砖数 N：

窗口宽度为 B(mm)的窗下墙排砖数为

$$n=(B-10)\div125, \quad N=(B-135)\div250$$

两洞口间净长或至墙垛长为 L 的排砖数为

$$n=(B+10)\div125, \quad N=(L-365)\div250$$

计算时取整数，并根据余数的大小确定是加半砖、七分头砖，还是减半砖并加七分头砖。如果还出现多于或少于 30 mm 以内的情况，可用减小或增加竖缝宽度的方法加以调整，灰缝宽度为 8~12 mm 是允许的。也可以采用同时水平移动各层门窗洞口的位置，使之满足砖模数的方法，但最大水平移动距离不得大于 60 mm，而且承重窗间墙的长度不应减小。

每一段墙体的排砖块数和竖缝宽度确定后，就可以从转角处或纵、横墙交接处向两边排放砖，排完砖并经检查调整无误后，即可依据摆好的砖样和墙身宽度线，从转角处或纵、横墙交接处依次砌筑第一皮摆底砖。

常用的砌体的组砌形式有全顺、两平一侧、全丁、一顺一丁、梅花丁和三顺一丁，如图 7-15 所示。

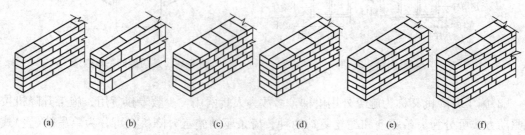

图 7-15　砌体的组砌形式
(a)全顺；(b)两平一侧；(c)全丁；(d)一顺一丁；(e)梅花丁；(f)三顺一丁

3. 立皮数杆

皮数杆是指在其上划有每皮砖厚、灰缝厚及门、窗、洞口的下口、窗台、过梁、圈梁、楼板、大梁、预埋件等标高位置的一种木制标杆，它是砌墙过程中控制砌体竖向尺寸和各种构配件设置标高的主要依据。

皮数杆一般设置在墙体操作面的另一侧，立于建筑物的四个大角处，内、外墙交接处，楼梯间及洞口较多的地方，并从两个方向设置斜撑或用锚钉加以固定，以确保垂直和牢固，如图 7-16 所示。皮数杆的间距为 10～15 m，超过此间距时中间应增设皮数杆。支设皮数杆时，要统一进行找平，使皮数杆上的各种构件标高与设计要求一致。每次开始砌砖前，均应检查皮数杆的垂直度和牢固性，以防有误。

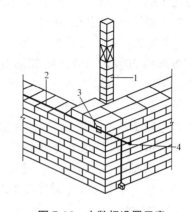

图 7-16　皮数杆设置示意
1—皮数杆；2—准线；3—竹片；4—圆钢钉

4. 盘角

盘角又称立头角，是指墙体正式砌砖前，在墙体的转角处由高级瓦工先砌起，并始终高于周围墙面 4～6 皮砖，作为整片墙体控制垂直度和标高的依据。盘角的质量直接影响墙体施工质量，因此，必须严格按皮数杆标高控制每一皮墙面高度和灰缝厚度，做到墙角方正、墙面顺直、方位准确、每皮砖的顶面近似水平，并要"三皮一靠，五皮一吊"，确保盘角质量。

5. 挂线

挂线是指以盘角的墙体为依据，在两个盘角中间的墙外侧挂通线。挂线应用尼龙线或棉线绳拴砖坠重拉紧，使线绳水平、无下垂。墙身过长时，在中间除设置皮数杆外，还应砌一块"腰线砖"或再加一个细钢丝揽线棍，用以固定挂通的准线，使之不下垂和内外移动。

盘角处的通线是靠墙角的灰缝卡挂的，为避免通线陷入水平灰缝内，应采用不超过 1 mm 厚的小别棍（用小竹片或包装用薄铁皮片）别在盘角处墙面与通线之间。

6. 砌筑

砌筑砖墙通常采用"三一"法或挤浆法，并要求砖外侧的上楞线与准线平行、水平且离准线 1 mm，不得冲（顶）线，砖外侧的下楞线与已砌好的下皮砖外侧的上楞线平行并在同一垂直面上，俗称"上跟线、下靠楞"；同时，还要做到砖平位正、挤揉适度、灰缝均匀、砂浆饱满。

7. 刮缝、清理

清水墙砌完一段高度后，要及时进行刮缝和清扫墙面，以利于墙面勾缝整洁和干净。刮砖缝可采用 1 mm 厚的钢板制作的凸形刮板，刮板突出部分的长度为 10～12 mm，宽度为 8 mm。清水外墙面一般采用加浆勾缝，用 1∶1.5 的细砂水泥砂浆勾成凹进墙面 4～5 mm 的凹缝或平缝；清水内墙面一般采用原浆勾缝，所以，不用刮板刮缝，而是随砌随用钢溜子勾缝。下班前，应将施工操作面的落地灰和杂物清理干净。

三、石砌体施工

1. 毛石砌块施工

砌筑毛石基础的第一皮石块应坐浆，并将石块的大面向下；砌筑料石基础的第一皮子块应用丁砌层坐浆砌筑。毛石砌体的第一皮及转角处、交接处和洞口应用较大的平毛石砌筑。每个楼层(包括基础)砌体的最上一皮宜选用较大的毛石砌筑。

毛石基础的扩大部分如做成阶梯形,上级阶梯的石块应至少压砌下级阶梯石块的1/2,相邻阶梯的毛石应相互错缝搭砌,如图7-17所示。

毛石基础必须设置拉结石,拉结石应均匀分布,且在毛石基础同皮内每隔2 m左右设置一块。拉结石的长度:如基础宽度小于或等于400 mm,应与基础宽度相等;如基础宽度大于400 mm,可用两块拉结石内外搭接,搭接长度不应小于150 mm,且其中一块拉结石的长度不应小于基础宽度的2/3。

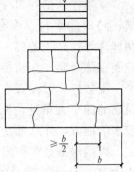

图7-17 阶梯形毛石基础

2. 料石砌块施工

料石基础砌体的第一皮应用丁砌层坐浆砌筑,料石砌体也应上下错缝搭砌,砌体厚度不小于两块料石宽度时,如同皮内全部采用顺砌,每砌两皮后,应砌一皮丁砌层;如同皮内采用丁顺组砌,丁砌石应交错设置,其中距不应大于2 m。

料石砌体灰浆的厚度,根据料石的种类确定:细石料砌体不宜大于5 mm;半细石料砌体不宜大于10 mm;粗石料和毛石料砌体不宜大于20 mm。料石砌体砌筑时,应放置平稳。砂浆铺设厚度应略高于规定的灰缝厚度,砂浆的饱满度应大于80%。

料石砌体转角处及交接处也应同时砌筑,必须留设临时间断时,应砌成踏步槎。

用料石和毛石或砖的组合墙中,料石砌体和毛石砌体或砖砌体应同时砌筑,并每隔2皮或3皮料石层用丁砌层与毛石砌体或砖砌体拉结砌合。丁砌料石的长度宜与组合墙厚度相同。

四、小型砌块砌体施工

1. 施工准备

运到现场的小砌块,应分规格分等级堆放,堆垛上应设标记,堆放现场必须平整,并做好排水工作。小砌块的堆放高度不宜超过1.6 m,堆垛之间应保持适当的通道。

基础施工前,应用钢尺校核建筑物的放线尺寸,其允许偏差不应超过表7-1所示的规定。

表7-1 建筑物放线尺寸允许偏差

长度L、宽度B的尺寸/m	允许偏差/mm
$L(B) \leqslant 30$	±5
$30 < L(B) \leqslant 60$	±10
$60 < L(B) \leqslant 90$	±15
$L(B) > 90$	±20

砌筑基础前,应对基坑(或基槽)进行检查,符合要求后,方可开始砌筑基础。

普通混凝土小砌块不宜浇水;当天气干燥炎热时,可在小砌块上喷水将其稍加润湿;轻集料混凝土小砌块可洒水,但不宜过多。

2. 砂浆制备

砂浆的制备通常应符合以下要求:

(1)砌体所用砂浆应按照设计要求的砂浆品种、强度等级进行配置，砂浆配合比应经试验确定。采用质量比时，其计量精度为：水泥±2％，砂、石灰膏控制在±5％以内。

(2)砂浆应采用机械搅拌。搅拌时间：水泥砂浆和水泥混合砂浆不得少于 2 min；掺用外加剂的砂浆不得少于 3 min；掺用有机塑化剂的砂浆应为 3～5 min。同时，还应具有较好的和易性和保水性。一般而言，稠度以 5～7 cm 为宜。

(3)砂浆应搅拌均匀，随拌随用，水泥砂浆和水泥混合砂浆应分别在 3 h 内使用完毕；当施工期间最高气温超过 30 ℃时，应分别在拌成后 2 h 内使用完毕。细石混凝土应在 2 h 内用完。

(4)砂浆试块的制作：在每一楼层或 250 m³ 砌体中，每种强度等级的砂浆应至少制作一组(每组六块)；当砂浆强度等级或配合比有变更时，也应制作试块。

3. 砌体施工

砌块砌体施工的主要工序是：铺灰→砌块吊装就位→校正→灌缝和镶砖。

(1)龄期不足 28 d 及潮湿的小砌块不得进行砌筑。

(2)应在建筑物四角或楼梯间转角处设置皮数杆，皮数杆间距不宜超过 15 m。皮数杆上画出小砌块高度和水平灰缝的厚度及砌体中其他构件标高位置。相对两皮数杆之间拉准线，依准线砌筑。

(3)应尽量采用主规格小砌块，并应清除小砌块表面污物，剔除外观质量不合格的小砌块和芯柱用小砌块孔洞底部的毛边。

(4)小砌块应底面朝上反砌。

(5)小砌块应对孔错缝搭砌。当个别情况下无法对孔砌筑时，普通混凝土小砌块的搭接长度不应小于 90 mm，轻集料混凝土小砌块的搭接长度不应小于 120 mm；当不能保证此规定时，应在水平灰缝中设置钢筋网片或拉结钢筋，钢筋网片或拉结钢筋的长度不应小于 700 mm，如图 7-18所示。

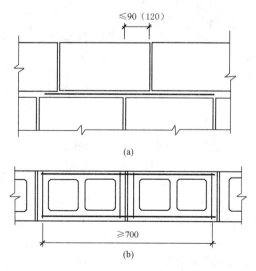

图 7-18 小砌块灰缝中的拉结钢筋
(a)斜槎；(b)直槎

(6)小砌块应从转角和纵、横墙交接处开始，内、外墙同时砌筑，纵、横墙交错连接，墙体临时断处应砌成斜槎，斜槎长度不应小于高度的 2/3（一般按一步脚手架高度控制）；如留斜槎有困难，除外墙转角处及抗震设防地区，其墙体临时间断处不应留直槎外，可以从墙面伸出 200 mm 砌成阴阳槎，并沿墙高每三皮砌块(600 mm)设拉结钢筋或钢筋网片，接槎部位宜延至门窗洞口，如图 7-19 所示。

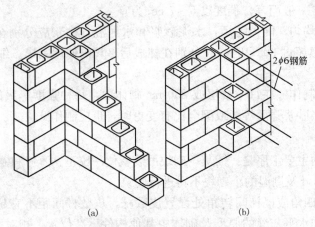

图 7-19　混凝土小砌块墙接槎

(a)斜槎；(b)直槎

(7)小砌块外墙转角处，应使小砌块隔皮交错搭砌，小砌块端面外露处用水泥砂浆补抹平整。小砌块内、外墙 T 形交接处，应隔皮加砌两块 290 mm×190 mm×190 mm 的辅助小砌块，辅助小砌块位于外墙上，开口处对齐，如图 7-20 所示。

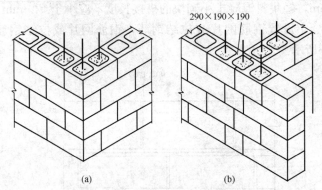

图 7-20　小砌块墙转角及交接处砌法

(a)转角处；(b)T 形交接处

(8)小砌块砌体的灰缝应横平竖直，全部灰缝应填满砂浆；水平灰缝的砂浆饱满度不得低于 90%；竖向灰缝的砂浆饱满度不得低于 80%。砌筑中不得出现瞎缝、透明缝。

(9)小砌块的水平灰缝厚度和竖向灰缝宽度应控制为 8~12 mm。砌筑时，铺灰长度不得超过 800 mm，严禁用水冲浆灌缝。

(10)当缺少辅助小砌块时，墙体通缝不应超过两皮砌块。

(11)承重墙体不得采用小砌块与烧结砖等其他块材混合砌筑；严禁使用断裂小砌块或壁肋中有竖向凹形裂缝的小砌块砌筑承重墙体。

(12)对设计规定的洞口、管道、沟槽和预埋件等，应在砌筑时预留或预埋，严禁在砌好的墙体上打凿。在小砌块墙体中不得预留水平沟槽。

(13)小砌块砌体内不宜设脚手眼。如必须设置，可用 190 mm×190 mm×190 mm 的小砌块侧砌，利用其孔洞作脚手眼，砌筑完后用强度等级为 C15 的混凝土填实脚手眼。但在墙体下列部位不得设置脚手眼：

1)过梁上部，与过梁成 60°角的三角形及过梁跨度 1/2 范围内；

2)宽度不大于 800 mm 的窗间墙；

3)梁和梁垫下，及其左右各 500 mm 的范围内；

4)门窗洞口两侧 200 mm 内，和墙体交接处 400 mm 的范围内；

5)设计规定不允许设置脚手眼的部位。

(14)施工中需要在砌体中设置的临时施工洞口，其侧边离交接处的墙面不应小于 600 mm，并在洞口顶部设过梁，填砌施工洞口的砌筑砂浆强度等级应提高一级。

(15)砌体相邻工作段的高度差不得大于一个楼层高或 4 m。

(16)在常温条件下，普通混凝土小砌块日砌筑高度应控制在 1.8 m 以内；轻集料混凝土小砌块日砌筑高度应控制在 2.4 m 以内。

第五节 混凝土结构工程施工

一、混凝土结构简介

混凝土结构是以混凝土为主制成的结构，包括素混凝土结构、钢筋混凝土结构和预应力混凝土结构等。混凝土结构是我国建筑施工领域应用最广泛的一种结构形式。无论是在资金投入还是在资源消耗方面，混凝土结构工程对工程造价、建设速度的影响都十分明显。

二、混凝土结构工程的种类

混凝土结构工程按施工方法，可分为现浇混凝土结构工程和装配式混凝土结构工程两类。现浇混凝土结构工程是在建筑结构的设计部位架设模板、绑扎钢筋、浇筑混凝土、振捣成型，经养护使混凝土达到设计规定强度后拆模。整个施工过程均在施工现场进行。现浇混凝土结构工程整体性好、抗震能力强、节约钢材，而且无须大型的起重机械，但工期较长，成本较高，易受气候条件影响。

装配式混凝土结构工程是在预制构件厂或施工现场预先制作好结构构件，在施工现场用起重机械把预制构件安装到设计位置，在构件之间用电焊、预应力或现浇的手段使其连接成整体。装配式混凝土结构工程具有降低成本、现场拼装、降低劳动强度和缩短工期的优点，但其耗钢量较大，而且施工时需要大型的起重设备。

三、混凝土结构工程的组成及施工工艺流程

混凝土结构工程由钢筋工程、模板工程和混凝土工程三部分组成。混凝土结构工程施

工时，要由模板、钢筋、混凝土等多个工种相互配合进行，因此，施工前要做好充分的准备，施工中合理组织，加强管理，使各工种紧密配合，以加快施工进度。现浇混凝土结构工程施工工艺流程如图 7-21 所示。

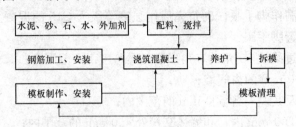

图 7-21　现浇混凝土结构工程施工工艺流程

四、模板工程的基本要求

现浇混凝土结构所用的模板技术已迅速向多样化、体系化方向发展，除木模板外，已形成组合式、工具式和永久式三大系列工业化模板体系。无论采用哪一种模板，模板及其支架都必须满足下列要求：

(1)保证工程结构和构件各部分结构尺寸和相互位置的正确性。

(2)具有足够的承载能力、刚度和稳定性，能可靠地承受新浇筑混凝土的重力和侧压力，以及在施工过程中所产生的其他荷载。

(3)构造简单，装拆方便，能多次周转使用，并便于钢筋的绑扎、安装和混凝土的浇筑、养护等工艺要求。

(4)模板的接缝不应漏浆。

(5)模板的材料宜选用钢材、木材、胶合板、塑料等，模板的支架材料宜选用钢材等，各种材料的材质应符合相关的规定。

(6)当采用木材时，其树种可根据各地区实际情况选用，材质不宜低于Ⅲ等材。

(7)模板的混凝土接触面应涂隔离剂，不宜采用油质类等影响结构或妨碍装饰工程施工的隔离剂。严禁隔离剂沾污钢筋。

(8)对模板及其支架应定期维修，钢模板及钢支架应防止锈蚀。

(9)在浇筑混凝土前，应对模板工程进行验收。安装模板和浇筑混凝土时，应对模板及其支架进行观察和维护。发生异常情况时，应按照施工技术方案及时进行处理。

(10)模板及其支架拆除的顺序及安全措施应按照施工技术方案执行。

五、钢筋工程现场安装要求

1. 钢筋的现场绑扎安装

(1)绑扎钢筋时应熟悉施工图纸，核对成品钢筋的级别、直径、形状、尺寸和数量，核对配料表和料牌。如有出入，应予以纠正或增补。同时，准备好绑扎用钢丝、绑扎工具、绑扎架等。

(2)钢筋应绑扎牢固，防止移位。

(3)对形状复杂的结构部位，应研究好钢筋穿插就位的顺序及与模板等其他专业配合的先后次序。

(4)基础底板、楼板和墙的钢筋网绑扎，除靠近外围两行钢筋的相交点全部绑扎外，中间部分交叉点可间隔交错扎牢；双向受力的钢筋则需全部扎牢。相邻绑扎点的钢丝扣要呈八字形，以免网片歪斜变形。钢筋绑扎接头的钢筋搭接处，应在中心和两端用钢丝扎牢。

(5)结构采用双排钢筋网时，上、下两排钢筋网之间应设置钢筋撑脚或混凝土支柱(墩)，每隔1 m放置一个，墙壁钢筋网之间应绑扎 φ6～φ10 钢筋制成的撑钩，间距约为1.0 m，相互错开排列；大型基础底板或设备基础，应用 φ16～φ25 钢筋或型钢焊成的支架来支撑上层钢筋，支架间距为 0.8～1.5 m；梁、板纵向受力钢筋采取双层排列时，两排钢筋之间应垫以 φ25 以上的短钢筋，以保证间距正确。

(6)梁、柱箍筋应与受力筋垂直设置，箍筋弯钩叠合处应沿受力钢筋的方向张开设置，箍筋转角与受力钢筋的交叉点均应扎牢；箍筋平直部分与纵向交叉点可间隔扎牢，以防止骨架歪斜。

(7)板、次梁与主筋交叉处，板的钢筋在上，次梁的钢筋居中，主梁的钢筋在下；当有圈梁或垫梁时，主梁的钢筋应放在圈梁上。受力筋两端的搁置长度应保持均匀一致。框架梁牛腿及柱帽等钢筋，应放在柱的纵向受力钢筋内侧，同时要注意梁顶面受力筋之间的净距为 30 mm，以利于浇筑混凝土。

(8)预制柱、梁、屋架等构件常采取底模上就地绑扎，此时应先排好箍筋，再穿入受力筋；然后，绑扎牛腿和节点部位的钢筋，以降低绑扎的困难性和复杂性。

2. 绑扎钢筋网与钢筋骨架安装

(1)钢筋网与钢筋骨架的分段(块)，应根据结构配筋特点及起重运输能力而定。一般钢筋网的分块面积以 6～20 m² 为宜，钢筋骨架的分段长度以 6～12 m 为宜。

(2)为防止钢筋网与钢筋骨架在运输和安装过程中发生歪斜变形，应采取临时加固措施。

(3)钢筋网与钢筋骨架的吊点，应根据其尺寸、质量及刚度而定。宽度大于1 m的水平钢筋网宜采用四点起吊，跨度小于6 m的钢筋骨架宜采用两点起吊，跨度大、刚度差的钢筋骨架宜采用横吊梁(铁扁担)四点起吊。为了防止吊点处钢筋受力变形，可采取兜底吊或加短钢筋措施。

(4)焊接网和焊接骨架沿受力钢筋方向的搭接接头，宜位于构件受力较小的部位，如承受均布荷载的简支受弯构件，焊接网受力钢筋接头宜放置在跨度两端各1/4跨长范围内。

(5)受力钢筋直径≥16 mm 时，焊接网沿分布钢筋方向的接头宜辅以附加钢筋网，其每边的搭接长度为15d(d 为分布钢筋直径)，但不小于100 mm。

3. 焊接钢筋骨架和焊接网安装

(1)焊接钢筋骨架和焊接网的搭接接头，不宜位于构件的最大弯矩处，焊接网在非受力方向的搭接长度宜为 100 mm；受拉焊接骨架和焊接网在受力钢筋方向的搭接长度应符合设计规定；受压焊接骨架和焊接网在受力钢筋方向的搭接长度，可取受拉焊接骨架和焊接网在受力钢筋方向的搭接长度的0.7倍。

(2)在梁中，焊接骨架的搭接长度内应配置箍筋或短的槽形焊接网。箍筋或网中的横向钢筋间距不得大于5d。在轴心受压或偏心受压构件中的搭接长度内，箍筋或横向钢筋的间距不得大于10d。

(3)在构件宽度内有若干焊接网或焊接骨架时，其接头位置应错开。在同一截面内搭接的受力钢筋的总截面面积不得超过受力钢筋总截面面积的 50％；在轴心受拉及小偏心受拉构件(板和墙除外)中，不得采用搭接接头。

(4)焊接网在非受力方向的搭接长度宜为 100 mm。当受力钢筋直径≥16 mm 时，焊接网沿分布钢筋方向的接头宜辅以附加钢筋网，其每边的搭接长度为 15d。

六、混凝土工程施工基本流程

混凝土工程施工包括配料、搅拌、运输、浇筑、振捣和养护等施工过程，如图 7-22 所示，其中的任一过程施工不当，都会影响混凝土的质量。混凝土施工不但要保证构件有设计要求的外形，而且要获得要求的强度、良好的密实性和整体性。

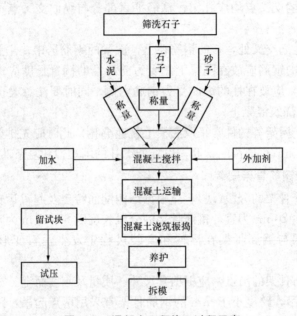

图 7-22 混凝土工程施工过程示意

七、预应力混凝土工程施工要求

(一)先张法施工

先张法是在浇筑混凝土前张拉预应力筋，并将张拉的预应力筋临时固定在台座或钢模上，然后再浇筑混凝土的施工方法。待混凝土达到一定强度(一般不低于设计强度等级的75％)，保证预应力筋与混凝土有足够的黏结力时，放张预应力筋，借助混凝土与预应力筋的黏结，使混凝土产生预压应力。

先张法适用于生产小型预应力混凝土构件，其生产方式有台座法和机组流水法。台座法是构件在专门设计的台座上生产，即预应力筋的张拉与固定、混凝土的浇筑与养护及预应力筋的放张等工序均在台座上进行。机组流水法是利用特制的钢模板，构件连同钢模板通过固定的机组，按流水方式完成其生产过程。

先张法的施工设备主要有台座、夹具和张拉设备等。

先张法施工工艺如图 7-23 所示。

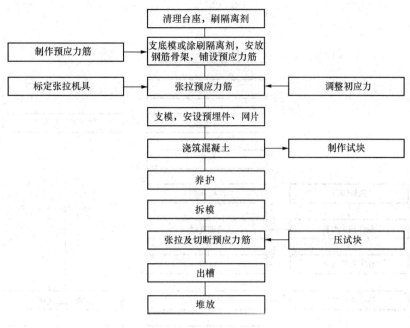

图7-23　先张法施工工艺

（二）后张法施工

后张法是先制作混凝土构件（或块体），并在预应力筋的位置预留相应的孔道，待混凝土强度达到设计规定数值后，在孔道内穿入预应力筋（束），用张拉机具进行张拉，并用锚具将预应力筋（束）锚固在构件的两端，张拉力即由锚具传给混凝土构件，使之产生预压应力，张拉锚固后在孔道内灌浆。图7-24所示为预应力混凝土后张法示意。

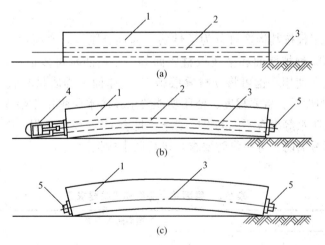

图7-24　预应力混凝土后张法示意

(a)制作混凝土构件；(b)张拉钢筋；(c)锚固和孔道灌浆
1—混凝土构件；2—预留孔道；3—预应力筋；4—千斤顶；5—锚具

后张法施工工艺如图7-25所示。

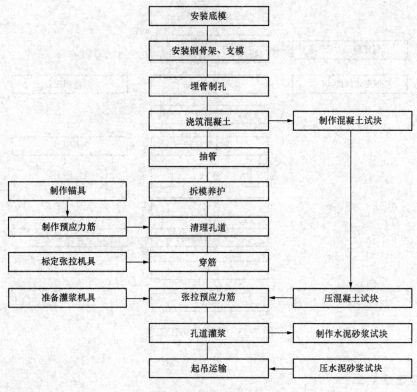

图 7-25   后张法施工工艺

第六节   建筑屋面防水工程施工

建筑屋面防水工程按其构造可分为柔性防水屋面、刚性防水屋面、上人屋面、架空隔热屋面、蓄水屋面、种植屋面和金属板材屋面等。屋面防水可多道设防，将卷材、涂膜、细石防水混凝土复合使用，也可将卷材叠层施工。《屋面工程质量验收规范》(GB 50207—2012)根据建筑物的性质、重要程度、使用功能要求及防水层耐用年限等，将屋面防水分为四个等级，不同的防水等级有不同的设防要求，见表 7-2。屋面工程应根据工程特点、地区自然条件等，按照屋面防水等级设防要求，进行防水构造设计。

表 7-2   屋面防水等级和设防要求

项目	屋面防水等级			
	I	II	III	IV
建筑物类别	特别重要或对防水有特殊要求的建筑	重要的建筑和高层建筑	一般的建筑	非永久的建筑
防水层合理使用年限	25 年	15 年	10 年	5 年

项目	屋面防水等级			
	Ⅰ	Ⅱ	Ⅲ	Ⅳ
防水层选用材料	宜选用合成高分子防水卷材、高聚物改性沥青防水卷材、金属板材、合成高分子防水涂料、细石混凝土等材料	宜选用合成高分子防水卷材、高聚物改性沥青防水卷材、金属板材、合成高分子防水涂料、高聚物改性沥青防水涂料、细石混凝土、平瓦、油毡瓦等材料	宜选用三毡四油沥青防水卷材、高聚物改性沥青防水卷材、合成高分子防水卷材、金属板材、高聚物改性沥青防水涂料、合成高分子防水涂料、细石混凝土、平瓦、油毡瓦等材料	可选用二毡三油沥青防水卷材、高聚物改性沥青防水涂料等
设防要求	三道或三道以上防水设防	两道防水设防	一道防水设防	一道防水设防

一、卷材防水屋面

卷材防水屋面属于柔性防水屋面，其优点是：质量小，防水性能较好，尤其是防水层，具有良好的柔韧性，能适应一定程度的结构振动和胀缩变形；其缺点是：造价高，特别是沥青卷材易老化、起鼓，耐久性差，施工工序多，工效低，维修工作量大，产生渗漏时修补、找漏困难等。

卷材防水屋面一般由结构层、隔汽层、保温层、找平层、防水层和保护层组成，如图 7-26 所示。其中，隔汽层和保温层在一定的气温条件和使用条件下可不设。

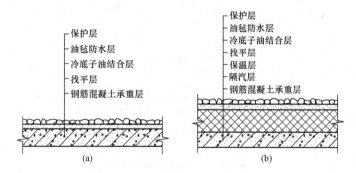

图 7-26　油毡屋面构造层次示意

(a)不保温油毡屋面；(b)保温油毡屋面

二、涂膜防水屋面

涂膜防水屋面是在屋面基层上涂刷防水涂料，经固化后形成一层有一定厚度和弹性的整体涂膜，从而达到防水目的的一种防水屋面形式。

防水涂料的特点：防水性能好，固化后无接缝；施工操作简便，可适应各种复杂的防水基面；与基面黏结强度高；温度适应性强；施工速度快，易于修补等。

涂膜防水屋面构造如图 7-27 所示。

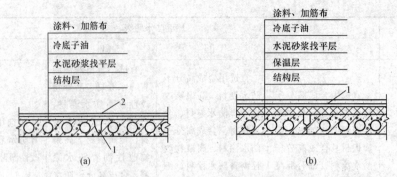

图 7-27　涂膜防水屋面构造

(a)无保温层涂膜屋面；(b)有保温层涂膜屋面

1—细石混凝土；2—油膏嵌缝

三、刚性防水屋面

刚性防水屋面用细石混凝土、块体材料或补偿收缩混凝土等材料作屋面防水层，依靠混凝土密实并采取一定的构造措施，以达到防水的目的。

刚性防水屋面所用材料虽然容易取得、价格低廉、耐久性好、维修方便，但是对地基不均匀沉降、温度变化、结构振动等因素都非常敏感，容易产生变形开裂，且防水层与大气直接接触，表面容易碳化和风化，如果处理不当，极易发生渗漏水现象，所以，刚性防水屋面适用于Ⅰ～Ⅲ级的屋面防水，不适用于设有松散材料保温层及受较大振动或冲击的和坡度大于15‰的建筑屋面。

刚性防水屋面构造如图 7-28 所示。

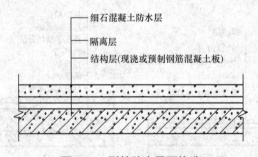

图 7-28　刚性防水屋面构造

第七节　装饰工程施工

一、抹灰工程

1. 抹灰工程的分类

抹灰工程按使用的材料及其装饰效果，可分为一般抹灰和装饰抹灰。

（1）一般抹灰。一般抹灰是指采用石灰砂浆、水泥混合砂浆、水泥砂浆、聚合物水泥砂浆、麻刀灰、纸筋石灰和石膏灰等抹灰材料进行的抹灰工程施工。按建筑物标准和质量要求，一般抹灰可分为以下两类：

1) 高级抹灰。高级抹灰由一层底层、数层中层和一层面层组成。抹灰要求阴阳角找方，设置标筋，分层赶平、修整。表面压光，要求表面光滑、洁净，颜色均匀，线角平直，清晰美观，无抹纹。高级抹灰用于大型公共建筑物、纪念性建筑物和有特殊要求的高级建筑物等。

2) 普通抹灰。普通抹灰由一层底层、一层中层和一层面层（或一层底层和一层面层）组成。抹灰要求阳角找方，设置标筋，分层赶平、修整。表面压光，要求表面洁净，线角顺直、清晰，接槎平整。普通抹灰用于一般居住、公用和工业建筑及建筑物中的附属用房，如汽车库、仓库、锅炉房、地下室、储藏室等。

(2) 装饰抹灰。装饰抹灰是指通过操作工艺及选用材料等方面的改进，使抹灰更富于装饰效果，其主要有水刷石、斩假石、干粘石和假面砖等。

2. 抹灰层的组成

为了使抹灰层与基层黏结牢固，防止起鼓开裂，并使抹灰层的表面平整，保证工程质量，抹灰层应分层涂抹。抹灰层的组成如图 7-29 所示。

(1) 底层。底层主要起与基层黏结的作用，厚度一般为 5~9 mm。

(2) 中层。中层起找平作用，砂浆的种类基本与底层相同，只是稠度较小，每层厚度应控制为 5~9 mm。

(3) 面层。面层主要起装饰作用，要求面层表面平整、无裂痕、颜色均匀。

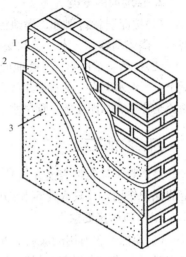

图 7-29　抹灰层的组成
1—底层；2—中层；3—面层

3. 抹灰层的总厚度

抹灰层的平均总厚度要根据具体部位及基层材料而定。钢筋混凝土顶棚抹灰厚度不大于 15 mm；内墙普通抹灰厚度不大于 20 mm，高级抹灰厚度不大于 25 mm；外墙抹灰厚度不大于 20 mm；勒脚及凸出墙面部分不大于 25 mm。

二、饰面工程

饰面工程是在墙、柱表面镶贴或安装具有保护和装饰功能的块料而形成的饰面层。块料的种类可分为饰面板和饰面砖两大类。

1. 饰面板安装

饰面板工程是将天然石材、人造石材、金属饰面板等安装到基层上，以形成装饰面的一种施工方法。建筑装饰用的天然石材主要有大理石和花岗石两大类，人造石材一般有人造大理石（花岗石）和预制水磨石饰面板。金属饰面板主要有铝合金板、塑铝板、彩色涂层钢板、彩色不锈钢板、镜面不锈钢面板等。

2. 饰面砖镶贴

饰面砖有釉面瓷砖、外墙面砖、陶瓷锦砖等。饰面砖在镶贴前应根据设计对釉面砖和外墙面砖进行选择，要求挑选规格一致、形状平整方正、不缺棱掉角、不开裂和脱釉、无凹凸扭曲、颜色均匀的面砖及各配件。按标准尺寸检查饰面砖，分出符合标准尺寸和大于或小于标准尺寸三种规格的饰面砖，同一类尺寸应用于同一层或同一墙面上，以做到接缝均匀一致。陶瓷锦砖应根据设计要求选择好色彩和图案，统一编号，便于镶贴时按编号施工。

三、楼地面工程

楼地面工程是人们工作和生活中接触最频繁的一个分部工程，其反映楼地面工程档次和质量水平，具有地面的承载能力、耐磨性、耐腐蚀性、抗渗漏能力、隔声性能、弹性、光洁程度、平整度等指标，以及色泽、图案等艺术效果。

1. 楼地面的组成

楼地面是房屋建筑底层地坪与楼层地坪的总称，由面层、垫层和基层等部分构成。

2. 楼地面的分类

(1)按面层材料划分，楼地面可分为土、灰土、三合土、菱苦土、水泥砂浆混凝土、水磨石、陶瓷马赛克、木、砖和塑料地面等。

(2)按面层结构划分，楼地面可分为整体面层(如灰土、菱苦土、三合土、水泥砂浆、混凝土、现浇水磨石、沥青砂浆和沥青混凝土等)、块料面层(如缸砖、塑料地板、拼花木地板、陶瓷马赛克、水泥花砖、预制水磨石块、大理石板材、花岗石板材等)和涂布地面等。

四、涂饰工程

涂饰敷于建筑物表面并与基体材料很好地黏结，干结成膜后，既对建筑物表面起到一定的保护作用，又具有建筑装饰的效果。

1. 涂料质量要求

(1)涂饰工程所用的涂料和半成品(包括施涂现场配制的)，均应有品名、种类、颜色、制作时间、储存有效期、使用说明和产品合格证书、性能检测报告及进场验收记录。

(2)内墙涂料要求耐碱性、耐水性、耐粉化性良好，以及有一定的透气性。

(3)外墙涂料要求耐水性、耐污染性和耐候性良好。

2. 腻子质量要求

涂饰工程使用的腻子的塑性和易涂性应满足施工要求，干燥后应坚固，无粉化、起皮和开裂，并按基层、底涂料和面涂料的性能配套使用。另外，处于潮湿环境的腻子应具有耐水性。

3. 涂饰工程施工方法

(1)刷涂。刷涂宜采用细料状或云母片状涂料。刷涂时，用刷子蘸上涂料直接涂刷于被涂饰基层表面，其涂刷方向和行程长短应一致。涂刷层次一般不少于两度。在前一度涂层表面干燥后再进行后一度涂刷。两度涂刷间隔时间与施工现场的温度、湿度有关，一般不少于 2~4 h。

(2)喷涂。喷涂宜采用含粗填料或云母片的涂料。喷涂是借助喷涂机具将涂料呈雾状或粒状喷出，分散沉积在物体表面上。喷射距离一般为 40~60 cm，施工压力为 0.4~0.8 MPa。喷枪运行中喷嘴中心线必须与墙面垂直，喷枪与墙面平行移动，运行速度保持一致。室内喷涂一般先喷顶后喷墙，两遍成活，间隔时间约为 2 h；外墙喷涂一般为两遍，较好的饰面为三遍。

（3）滚涂。滚涂宜采用细料状或云母片状涂料。滚涂是利用涂料辊子蘸匀适量涂料，在待涂物体表面施加轻微压力上下垂直来回滚动，避免歪扭呈蛇形，以保证涂层的厚度、色泽、质感一致。

（4）弹涂。弹涂宜采用细料状或云母片状涂料。先在基层刷涂 1 道或 2 道底色涂层，待其干燥后进行弹涂。弹涂时，弹涂器的出口应垂直对正墙面，距离为 300～500 mm，按一定速度自上而下、自左至右地弹涂。注意弹点密度均匀适当，上下左右接头不明显。

本章小结

本章主要介绍了建筑施工的基础知识，内容包括建筑施工组织设计的概念、原则、依据、作用、内容等，建筑工程测量的任务、作用、内容、原则、要求，土方工程与地基基础工程施工，砌筑工程施工，混凝土结构工程施工，建筑屋面防水工程施工，装饰工程施工等。通过本章的学习，学生应对建筑施工相关施工工艺有一定认知，为日后施工打下基础。

思考与练习

1. 建筑工程施工程序可分为哪几个阶段？
2. 建筑施工组织设计的原则是什么？
3. 建筑工程测量的作用是什么？
4. 土方工程施工的内容有哪些？
5. 简述浅基础的类型。
6. 简述石砌体施工工艺。
7. 简述现浇混凝土结构模板工程的基本要求。
8. 卷材防水屋面的优、缺点是什么？
9. 涂饰工程中涂料和腻子的质量要求是什么？

第八章　建筑产业现代化

学习目标

1. 了解建筑产业现代化的概念；掌握现代建筑业的特征；掌握建筑产业现代化的内涵。
2. 了解新型建筑工业化和装配式建筑的概念；掌握装配式建筑常见的结构形式。
3. 了解绿色建筑。

能力目标

能够对建筑产业现代化有初步认知；对装配式建筑、绿色建筑的发展前途有一定的认识。

第一节　建筑产业现代化的概念与基本特征

一、建筑产业现代化的概念

建筑产业现代化是指以绿色发展为理念，以现代科学技术进步为支撑，以工业化生产方式为手段，以工程项目管理创新为核心，以世界先进水平为目标，广泛运用信息技术、节能环保技术，将建筑产品生产全过程联结为完整的一体化产业链系统(图8-1)。这个过程包括融投资，规划设计，开发建设，施工生产，管理服务，以及新材料、新设备的更新换代等环节，以达到提高工程质量、安全生产水平、社会与经济效益，全面为用户提供满足需求的低碳绿色建筑产品。

建筑产业化是指运用现代化管理模式，通过标准化的建筑设计及模数化、工厂化的部品生产，实现建筑构部件的通用化和现场施工的装配化、机械化。发展建筑产业化是建筑生产方式从粗放型生产向集约型生产的根本转变，是建筑产业现代化的必然途径和发展方向。

建筑产业现代化是一个动态的过程，是随着时代进步与科技发展而不断发展的，不断融入新的内涵与特征。

二、现代建筑业的特征

现代建筑业与传统建筑业的区别在于：现代建筑业更加强调以知识和技术为投入元素，即应用现代建造技术、现代生产组织系统和现代管理理念而进行的以现代集成建造为特征、以知识密集为特色、以高效施工为特点的技术含量高、附加值大、产业链长的产业组织体系。现代建筑业是随着当代信息技术、先进建造技术、先进材料技术和全球供应链系统而

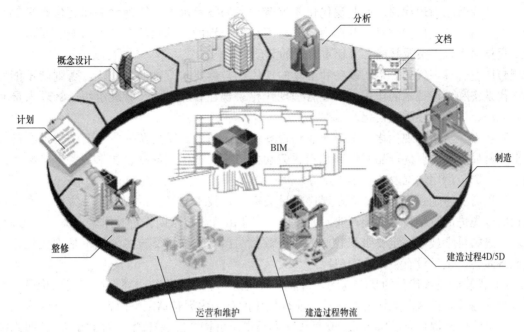

图 8-1　用 BIM 实现建筑全生命周期方案设计

产生的。其主要有以下特征：

(1)充分应用和吸收当今世界的先进科学技术，施工工艺、装备、材料技术含量高，建筑产品的科技含量、附加值、贡献率较高，并呈现出建筑业与服务业既分工又融合的特点、

(2)利用现代信息技术，集成建筑产品全寿命期业务流程，形成以价值链为基础的分工协作模式。

(3)符合现代社会可持续发展理念，具有节约资源、减少污染排放、利于保护环境的低碳绿色特点。

(4)建立起与现代建造技术相适应、符合社会化大生产要求的生产方式和企业组织形式。

(5)具有满足建筑业可持续发展要求的高素质产业工人队伍。

(6)产业关联度高，对国民经济带动作用大，能迅速成为相关产业发展的重要支撑。

三、建筑产业现代化的内涵

产业现代化是指通过发展科学技术，采用先进的技术手段和科学的管理方法，使产业自身建立在当代世界科学技术的基础上，使产业的生产和技术水平达到国际上的先进水平。

(1)产业现代化的特征。产业现代化是一个发展的过程，是一个历史的动态概念。随着科学技术的发展和新技术的广泛运用，产业现代化的水平越来越高。

产业现代化从目前产业构成要素而言，主要特征体现在以下几个方面：

1)产业劳动资料现代化。即产业所使用的主要生产设备和工具具有当代世界先进技术水平，它是产业和产业体系是否现代化的一个重要标志。

2)产业结构现代化。产业现代化需要有一个与其相适应的现代化产业结构，它是在先进技术和生产力发展的基础上建立起来的相互协调发展的结构体系。

3) 产业劳动力现代化。产业现代化要求劳动者的技术水平、管理水平和文化水平都有实质性提高。产业现代化对于劳动力的要求不是指个别的、单独的劳动力，而是要求有一个工程技术管理人员及技能工人比重合理的劳动力结构。

4) 产业管理现代化。生产设备和工具的现代化必然要求管理的现代化，否则就不能发挥现代设备和生产技术的作用。产业管理现代化表现在管理思想、管理组织、管理人员和管理方法、管理手段的现代化。

5) 技术经济指标现代化。一个产业是否现代化，其关键反映在一些主要的技术经济指标上，例如主要产业的产品质量和数量、劳动生产率、产值利润率、技术装备率、物质消耗水平、资金运用情况及产业集中度等。

这里需要特别强调的是，产业现代化最关键的是技术与经济的统一。一方面，产业现代化要以先进的科学技术武装产业，促使传统产业由落后技术向先进技术转变；另一方面，要求先进的科学技术一定要带来较好的经济效益。没有先进科学技术，绝不是现代化；没有经济效益，也是没有生命力的现代化。

(2) 建筑产业现代化的基本内涵。目前，对建筑产业现代化的研究还处于起步阶段，尚没有统一标准，就现阶段而言，建筑产业现代化的基本内涵包括以下内容：

1) 最终产品绿色化。20世纪80年代，人类提出可持续发展理念。党的"十五大"明确提出了中国现代化建设必须实施可持续发展战略。传统建筑业资源消耗大、建筑能耗大、扬尘污染物排放多、固体废弃物利用率低。党的十八大再次提出了"推进绿色发展、循环发展、低碳发展"和"建设美丽中国"的战略目标。面对来自建筑节能环保方面的更大挑战，2013年我国启动了《绿色建筑行动方案》，在政策层面导向上表明了要大力发展节能、环保、低碳的绿色建筑。党的十八届五中全会强调，实现"十三五"时期的发展目标，必须牢固树立并切实贯彻创新、协调、绿色、开放、共享的发展理念。

2) 建筑生产工业化。建筑生产工业化是指用现代工业化的大规模生产方式代替传统的手工业生产方式来建造建筑产品。但不能把建筑生产工业化笼统地叫作建筑工业化，这是因为建筑产品具有单件性和一次性的特点。建筑产品固定，人员流动，而工业产品大多是产品流动，人员固定，而且具有重复生产的特性。人们提倡用工业化生产方式，主要指在建筑产品形成过程中，有大量的建筑构配件可以通过工业化（工厂化）的方式生产，它能够最大限度地加快建设速度，改善作业环境，提高劳动生产率，降低劳动强度，减少资源消耗，保障工程质量和安全生产，消除污染物排放，以合理的工时及价格来建造适合各种使用要求的建筑。因此，建筑生产工业化主要包括传统作业方式的工业化改进，如泵送混凝土、新型模板与模架、钢筋集中加工配送、各类新型机械设备等。

3) 建造过程精益化。用精益建造的系统方法，控制建筑产品的生成过程。精益建造理论是以生产管理理论为基础，以精益思想原则为指导（包括精益生产、精益管理、精益设计和精益供应等系列思想），在保证质量、最短的工期、消耗最少资源的条件下，对工程项目管理过程进行重新设计，以向用户移交满足使用要求工程为目标的新型建造模式。

4) 全产业链集成化。借助信息技术手段，用整体综合集成的方法把工程建设的全部过程组织起来，使设计、采购、施工、机械设备和劳动力实现资源配置更加优化组合，采用工程总承包的组织管理模式，在有限的时间内发挥最有效的作用，提高资源的利用效率，创造更大的效用价值。

5) 项目管理国际化。随着经济全球化，工程项目管理必须将国际化与本土化、专业化进行有机融合，将建筑产品生产过程中各个环节通过统一的、科学的组织管理加以综合协调，以项目利益相关者满意为标志，达到提高投资效益的目的。

6）管理高管职业化。在西方发达国家，企业的高端管理人员是具有较高社会价值认同度的职业阶层。努力建设一支懂法律、守信用、会管理、善经营、作风硬、技术精的企业高层复合型管理人才队伍，是促进和实现建筑产业现代化的强大动力。

7）产业工人技能化。随着建筑业科技含量的提高，繁重的体力劳动将逐步减少，复杂的技能型操作工序将大幅度增加，对操作工人的技术能力也提出了更高的要求。因此，实现建筑产业现代化急需强化职业技能培训与考核持证，促进有一定专业技能水平的农民工向高素质的新型产业工人转变。

第二节 新型建筑工业化与装配式建筑

一、新型建筑工业化

建筑工业化是指有效地发挥工厂生产的优势，建立对建筑科研、设计、构件部品生产、施工安装等全过程生产实施管理的系统；而建筑产业化则是指整个建筑产业链的产业化。因此，两者的区别是：建筑产业化是整个建筑产业链的产业化；建筑工业化是指生产方式的工业化。两者的联系是：建筑工业化是建筑产业化的基础和前提，只有建筑工业化达到一定的程度，才能实现建筑产业现代化。

新型建筑工业化是以信息化带动的工业化。新型建筑工业化的"新型"主要是新在信息化，体现在信息化与建筑工业化的深度融合。进入新的发展阶段，以信息化带动的工业化在技术上是一种革命性的跨越式发展，从建设行业的未来发展看，信息技术将成为建筑工业化的重要工具和手段。

新型建筑工业化是整个行业先进的生产方式。新型建筑工业化的最终产品是房屋建筑。它不仅涉及主体结构，而且涉及围护结构、装饰装修和设施设备。它不仅涉及科研设计，而且涉及部品及构配件生产、施工建造和开发管理的全过程的各个环节。它是整个行业运用现代的科学技术和工业化生产方式全面改造传统的、粗放的生产方式的全过程。在房屋建造全过程的规划设计、部品生产、施工建造、开发管理等环节形成完整的产业链，并逐步实现建筑生产方式的工业化、集约化和社会化。

新型建筑工业化是与城镇化良性互动、同步发展的工业化。当前，我国工业化与城镇化进程加快，工业化率和城镇化率分别达到40％和51％，正处于现代化建设的关键时期。在城镇化快速发展过程中，不能只看到大规模建设对经济的拉动作用，而忽视城镇化对农民工转型带来的机遇，更不能割裂城镇化和新型建筑工业化的联系。

新型建筑工业化则是以施工总承包单位为实施主体，围绕主体结构建造过程进行优化配置资源，改变传统施工方式，采用机械化、工厂化、装配化的精细建造方式，节能环保，减少施工现场劳动力，提高建筑质量，实现建筑施工质量好、工期短、成本低、安全事故少及环境保护的目标。其实施方案主要内容如图8-2所示。

发展新型建筑工业化是建筑生产方式从粗放型向集约型的根本转变，对转变行业发展方式具有重要意义，是建筑产业现代化的必然途径和发展方向。

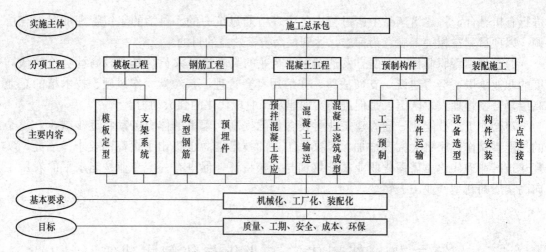

图 8-2　新型建筑工业化实施方案的主要内容示意

二、装配式建筑

(一)装配式建筑的概念

装配式建筑是指将传统建造方式中的大量现场作业工作转移到工厂进行,在工厂加工制作好建筑用部品部件,如楼板、墙板、楼梯、阳台等,运输到建筑施工现场,通过可靠的连接方式在现场装配安装而成的建筑。装配式建筑主要包括装配式混凝土结构、装配式钢结构及现代木结构等建筑。装配式建筑采用标准化设计、工厂化生产、装配化施工、信息化管理、智能化应用,是现代工业化生产方式。大力发展装配式建筑,是落实中央城市工作会议精神的战略举措,是推进建筑业转型发展的重要方式。

发展装配式建筑是实施推进"创新驱动发展、经济转型升级"的重要举措,也是切实转变城市建设模式,建设资源节约型、环境友好型城市的现实需要。发展装配式建筑是推进新型建筑工业化的一个重要载体和抓手。要实现国家和各地方政府目前既定的建筑节能减排目标,达到更高的节能减排水平、实现全寿命过程的低碳排放综合技术指标,发展装配式建筑产业是一个有效途径。

(二)装配式建筑的常见结构形式

根据建筑的使用功能、建筑高度、造价及施工等的不同,组成建筑结构构件的梁、柱、墙等可以选择不同的建筑材料,以及不同的材料组合,例如钢筋混凝土、钢材、钢骨混凝土、型钢混凝土、木材等。装配式建筑根据主要受力构件材料的不同,可分为装配式混凝土结构建筑、钢结构建筑、钢-混凝土混合结构建筑等。

1. 混凝土结构建筑

装配式混凝土结构是由预制混凝土构件通过可靠的连接方式装配而成的混凝土结构,包括装配整体式混凝土结构、全装配混凝土结构等。为满足因抗震而提出的"等同现浇"要求,目前常采用装配整体式混凝土结构,即由预制混凝土构件通过可靠的方式进行连接并与现场后浇混凝土、水泥基灌浆料形成整体的装配式混凝土结构。

装配式混凝土结构承受竖向及水平荷载的基本单元主要为框架和剪力墙。这些基本单元可组成不同的结构体系。

(1)装配整体式混凝土框架结构。装配整体式混凝土框架结构是全部或部分框架梁、柱采用预制构件建成的装配整体式混凝土结构，简称装配整体式框架结构。装配整体式框架结构的基本组成构件为柱、梁、板等。一般情况下，楼盖采用叠合楼板；梁采用预制；柱可以预制，也可以现浇；梁柱节点采用现浇。框架结构建筑平面布置灵活，造价低，使用范围广泛，主要应用于多层工业厂房、仓库、商场、办公楼、学校等建筑中。

(2)装配整体式混凝土剪力墙结构。装配整体式混凝土剪力墙结构是全部或部分剪力墙采用预制墙板建成的装配整体式混凝土结构。装配整体式混凝土剪力墙结构的基本组成构件为墙、梁、板等。一般情况下，楼盖采用叠合楼板，墙为预制墙体，墙端部的暗柱及梁墙节点采用现浇。

剪力墙结构比较适合高层住宅及公寓，完全能满足住宅户型灵活布置，房间内没有梁柱棱角，整体美观，而且综合造价低。

(3)装配整体式框架-现浇剪力墙结构。装配整体式框架-现浇剪力墙结构是全部或部分框架梁、柱采用预制构件和现浇混凝土剪力墙建成的装配整体式混凝土结构。装配整体式框架-现浇剪力墙结构的基本组成构件为墙、柱、梁、板等。一般情况下，楼盖采用叠合楼板，梁采用预制，柱可以预制也可以现浇，墙为现浇墙体，梁柱节点采用现浇。框架-剪力墙结构既有框架结构布置灵活、使用方便的特点，又有较大的刚度和较强的抗震能力，可广泛应用于高层办公建筑和旅馆建筑中。

(4)装配整体式部分框支剪力墙结构。由于剪力墙结构的平面局限性，有时将墙的下部做成框架，形成框支剪力墙，框支层空间加大，扩大了使用功能．将底部一层或多层做成部分框支剪力墙和部分落地剪力墙的结构形式，称为部分框支剪力墙结构。转换层以上的全部或部分剪力墙采用预制墙板，称为装配整体式部分框支剪力墙结构。其可应用于底部带商业的多高层公寓住宅、旅店等。

(5)装配式单层混凝土排架结构。单层混凝土排架结构主要使用于单层工业厂房，主要由预制混凝土柱、预制混凝土屋架、预制混凝土屋面板、屋面支撑体系和柱间支撑体系等组成。屋架和柱组成的排架结构是横向抗侧力体系，柱间支撑体系是纵向抗侧力体系。装配式单层混凝土排架结构，基本均为定型预制构件，这些构件中设置预埋件，在现场相互焊接形成整体结构。这种体系的标准化、工业化程度高，构造拼接简捷，工期短，装配率及预制率均可以做到100%。单层混凝土排架结构房屋主要使用于单层工业厂房，厂房内可以设置桥式起重机或单轨悬挂起重机。屋面一般为预制混凝土屋面，可采用双坡或单坡排水。由于混凝土构件自重太大，构件间的连接可靠性较差，抗震能力弱，现在已经逐渐被轻钢门式刚架结构所代替。但对于厂房内可能有对钢结构产生腐蚀的物质时，装配式单层混凝土排架结构仍是最好的结构形式。

2. 钢结构建筑

钢结构是主要由钢制材料组成的结构，是主要的建筑结构类型之一。钢结构主要由型钢和钢板等制成的钢梁、钢柱、钢桁架等构件组成，各构件或部件之间通常采用焊缝、螺栓或铆钉连接。其由于质量较小且施工简便，因此广泛应用于大型厂房、场馆、超高层等领域。钢结构建筑是建筑工业化最好的诠释，是目前最为安全、可靠的装配式建筑。钢结构建筑的常见结构形式种类繁多，主要有多高层钢结构、门式刚架轻型房屋钢结构等。

(1)多高层钢结构。多高层钢结构的主要结构形式如下：

1）钢框架结构：是采用钢梁和钢柱形成框架作为抗侧力体系的结构形式。钢框架结构的基本组成构件为钢柱、钢梁、混凝土板等。一般情况下，楼盖采用叠合楼板。

2）钢框架-支撑结构：是由钢框架及钢支撑作为抗侧力体系的结构形式。钢框架-支撑结构的基本组成构件为钢柱、钢梁、钢支撑、混凝土板等。一般情况下，楼盖采用叠合楼板。

3）钢框架-剪力墙结构：是由钢框架及钢板剪力墙作为抗侧力体系的结构形式。钢框架-剪力墙结构的基本组成构件为钢柱、钢梁、钢板剪力墙、混凝土板等。一般情况下，楼盖采用叠合楼板。

4）钢筒体结构：是由密钢柱和深钢梁形成的筒体作为主要抗侧力体系的结构形式。钢筒体结构的基本组成构件为钢柱、钢梁、混凝土板及密柱钢梁形成的筒体等。一般情况下，楼盖采用叠合楼板。钢筒体结构根据抗侧力体系的不同，又可分为钢框架-筒体结构、钢框架-筒体束结构、钢筒中筒结构等。

（2）门式刚架轻型房屋钢结构。门式刚架轻型房屋钢结构主要由钢门式刚架、屋盖体系、屋面支撑体系和柱间支撑体系等组成。门式刚架房屋钢结构横向抗侧力体系为钢梁及钢柱组成的门式刚架，纵向抗侧力体系为柱间支撑体系。根据跨度、高度和荷载的不同，门式刚架的梁、柱均可采用变截面或等截面的实腹式焊接工字钢或轧制 H 型钢。屋面为轻型屋面，可采用双坡或单坡排水。门式刚架轻型房屋钢结构的特点：质量小、强度高；工业化程度高，施工周期短；结构布置灵活，综合经济效益高；可回收再利用，符合可持续发展要求。门式刚架轻型房屋钢结构的主要应用范围，包括单层工业建筑厂房、民用建筑超级市场和展览馆、库房及各种不同类型仓储式工业及民用建筑等，有着广泛的市场应用前景。

3. 钢-混凝土混合结构建筑

钢-混凝土混合结构是指由钢、钢筋混凝土、钢与钢筋混凝土组合构件中，任意两种或两种以上构件组成的结构。多高层建筑中采用的混合结构的主要形式如下：

（1）混合框架结构：包括钢梁-型钢（钢管）混凝土柱混合框架结构和型钢混凝土梁-型钢（钢管）混凝土柱混合框架结构。

（2）框架-剪力墙混合结构：包括钢框架-钢筋混凝土剪力墙结构和混合框架-钢筋混凝土剪力墙结构。

（3）框架-核心筒混合结构：包括钢框架-钢筋混凝土核心筒结构和混合框架-钢筋混凝土核心筒结构。

（4）筒中筒混合结构：包括钢框筒-钢筋混凝土核心筒结构和混合框筒-钢筋混凝土核心筒结构。

第三节　绿色建筑

绿色建筑是指在全寿命期内，最大限度地节约资源（节能、节地、节水、节材）、保护环境、减少污染，为人们提供健康、适用和高效的使用空间，与自然和谐共生的建筑。

"绿色建筑"中的"绿色"，并不是指一般意义的立体绿化、屋顶花园，而是代表一种概念或象征，指建筑对环境无害，能充分利用环境自然资源，并且在不破坏环境基本生态平衡条件下建造的一种建筑，又可称为可持续发展建筑、生态建筑、回归大自然建筑、节能环保建筑等。

绿色建筑所涉及的全寿命周期是指从建筑选址、规划、设计、施工、运营管理直至拆除的全过程，如图8-3所示。

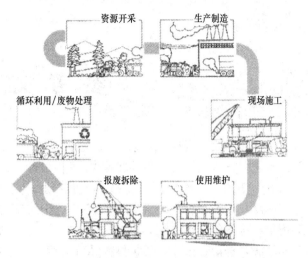

图8-3　建筑全寿命周期

随着城镇化进程的推进，人口的大量转移，城镇资源的消耗在不断增加，出现了一系列的环境生态问题。城镇雾霾日益严重、城市热岛效应不断加剧，人们生活的环境质量严重下降，所以，生态文明建设是影响未来发展的关键。城镇建设要讲求生态效益，人类不能破坏生态环境，在城镇环境上搞赤字。环境保护和资源节约不仅是生态理智的要求，更是经济理智的要求；城镇发展必须考虑环境容量，并将资源的合理利用与保护视为城镇经济持续增长的先决条件，真正做到环境、经济和城镇建设同步规划、同步设施、同步实施，真正实现城镇建设与环境保护统筹兼顾、共同发展。

近年来，"保护生态环境，建造绿色家园"的呼声日益高涨，全社会环保节能的意识不断增强。"绿色建筑""生态建筑""可持续发展的设计"等概念在建筑业成了一种时尚。这些现象充分体现了人类理智和文明的升华。它要求人们重归自然的怀抱，建立起一种人类、自然和人工环境相融合的绿色文明。绿色建筑、新型建筑工业化，都是建筑产业现代化的重要内容。绿色建筑是发展理念、发展方向、发展结果。新型建筑工业化是当前推进建筑产业现代化和建筑产业转型升级的核心和关键。住宅产业化是建筑产业现代化发展的重点，是绿色建筑发展的根本途径。三者以建筑产业现代化为统领，相互联系、相互影响，三位一体共同发展。当前，要大力推进装配式建筑与成品住房、绿色建筑联动发展，促进建筑生产方式的根本转变，最终实现建筑产品的绿色化。

本章小结

本章主要介绍建筑产业现代化的基础知识，内容包括建筑产业现代化的概念与基本特征、建筑产业现代化的内涵、新型建筑工业化、装配式建筑、绿色建筑。通过本章的学习，学生应对建筑产业现代化有最基本的了解，为日后推动建筑产业的发展打下基础。

思考与练习

1. 什么是建筑产业现代化？
2. 现代建筑业的特征有哪些？
3. 建筑工业化与建筑产业化的区别与联系是什么？
4. 什么是装配式建筑和绿色建筑？

参 考 文 献

[1]张波．建筑产业现代化概论[M]．北京：北京理工大学出版社，2016．

[2]张永志，石丹，周丹．中外建筑史[M]．北京：北京理工大学出版社，2020．

[3]吕春，任剑．土木工程概论[M]．上海：上海交通大学出版社，2015．

[4]魏鸿汉．建筑材料[M]．5版．北京：中国建筑工业出版社，2017．

[5]谭平，张瑞红，孙青霭．建筑材料[M]．3版．北京：北京理工大学出版社，2019．

[6]阎培渝，杨静，王强．建筑材料[M]．3版．北京：中国水利水电出版社，2013．

[7]杨德磊，李振霞，傅鹏斌．建筑施工组织设计[M]．2版．北京：北京理工大学出版社，2014．

[8]覃琳，魏宏杨，李必瑜．建筑构造[M]．6版．北京：中国建筑工业出版社，2019．

[9]齐秀梅，乔景顺，陈卫东．房屋建筑学[M]．2版．北京：北京理工大学出版社，2013．

[10]安德锋，葛序风，邵妍妍．建筑工程测量[M]．3版．北京：北京理工大学出版社，2018．

[11]赵景利，杨凤华．建筑工程测量[M]．北京：北京大学出版社，2010．

[12]刘彦青，梁敏，刘志宏．建筑施工技术[M]．3版．北京：北京理工大学出版社，2018．

[13]郭清燕，崔荣荣．建筑制图[M]．北京：北京理工大学出版社，2011．

[14]李永光，牛少儒．建筑力学与结构[M]．3版．北京：机械工业出版社，2016．

[15]林宗凡．建筑结构原理及设计[M]．北京：高等教育出版社，2002．